电梯
安装技术

DIANTI ANZHUANG JISHU

上海市电梯行业协会
上海市电梯培训中心　编著

中国纺织出版社

内 容 提 要

本书全面系统地介绍了电梯及自动扶梯、自动人行道的安装、调试工艺，并对现场作业中的质量控制重点、安全技术等做了具体的阐述。本书还以独到的见解对无脚手架电梯安装工艺作了较为细致的叙述。

本书可作为电梯专业教学或培训机构的教科书，也可作为从事电梯或自动扶梯(自动人行道)工程技术研发、安装维修及相关人员的参考书。

图书在版编目(CIP)数据

电梯安装技术/上海市电梯行业协会,上海市电梯培训中心编著.—北京:中国纺织出版社,2013.8

ISBN 978 - 7 - 5064 - 9903 - 3

Ⅰ.①电… Ⅱ.①上… ②上… Ⅲ.①电梯—安装 Ⅳ.①TU857

中国版本图书馆 CIP 数据核字(2013)第 168180 号

策划编辑:朱萍萍　责任编辑:范雨昕　张晓蕾　责任校对:梁　颖
责任设计:何　建　责任印制:何　艳

中国纺织出版社出版发行
地址:北京朝阳区百子湾东里 A407 号楼　邮政编码:100124
邮购电话:010—67004461　传真:010—87155801
http://www.c-textilep.com
E-mail:faxing@ c-textilep.com
北京通天印刷有限公司印刷　各地新华书店经销
2013 年 8 月第 1 版第 1 次印刷
开本:787×1092　1/16　印张:13.75
字数:236 千字　定价:35.00 元

前言

电梯作为机电一体化的垂直运输设备,以快捷、便利的特点服务于社会生活的各个方面,已与人们的日常出行休戚相关,电梯的功能决定了其运行应满足安全性、可靠性、舒适性等基本要求。由于电梯是以部件的形式在现场安装后才能成为具有使用价值的产品,因此,现场安装电梯的质量至关重要。

为进一步推动电梯安装技术的普及、提高与发展,上海市电梯行业协会、上海市电梯培训中心邀请了长期从事电梯工程技术工作的专家参与编著工作。编写时以实用性为指导思想,以规范性为原则,引用了大量现行的电梯规范,结合现场安装作业的特点,汲取、归纳了以往的实践经验,从电梯安装的准备工作起,直到调试、竣工验收,本书详细地叙述了电梯及自动扶梯安装的工艺以及质量控制与安全技术,其中包括了无脚手架电梯安装工艺,并对诸多具有创新性的安装技术作了较为全面、细致的阐述。同时,还对每一工艺流程作了安全作业提示,并提出了质量控制的关键点。本书根据电梯安装作业的特点,以大量的插图配合了详尽的文字描述,图文并茂,具有较强的可读性。每章结尾都作了专门的归纳小结并留有思考题,以便读者尽快掌握电梯及自动扶梯的安装技术。

本书共分为十一章。第一章为工程前期准备工作,包括土建勘察、施工方案设计与计划编制、零部件的开箱验收以及脚手架搭设等。第二章至第六章较详细地叙述了从样板线的设置到电梯各部件的安装工艺流程,并结合引用了现行电梯规范中的相关参数,对每一工序都做了具体的描述。第七章为电梯调试与检测,对调试前应具备的基本条件及通用性的调试、检测工作做了叙述。第八章为无脚手架电梯安装工艺,包括安装工艺全流程概述以及工装、设备的准备,并对各安装工序尤其是与有脚手架安装工艺不同处做了尤为详细的介绍。第九章对自动扶梯与自动人行道安装工艺包括现场吊装、部件安装及调试、检测等都做了较详细的阐述。第十章为电梯安装质量分析与控制,针对安装作业易产生的质量问题,列举了典型案例并进行了剖析,提出了具体的解决方案。第十一章重点围绕电梯安装安全技术进行阐述,对现场安装所涉及的各类作业安全技术做了详细叙述。

本书的第一章至第三章由陶黎明编写,第四章和第五章由杨荣明编写,第六章和第七章由王逸民编写,第八章由宋永安编写,第九章由杨勇编写,第十章和第十一章由丁毅敏编写。韩志和、张智敏负责全书的审稿,杨荣明负责统稿。

本书难免会有不妥或有待进一步完善之处,恳请读者谅解与批评指正。

编著者
2013 年 6 月

▪目录

第一章　工程前期准备工作 …………………………………………（001）

第一节　现场土建勘测 …………………………………………（001）

　　一、土建规格确认 …………………………………………（001）

　　二、开工条件确认 …………………………………………（003）

　　三、勘测问题整改 …………………………………………（004）

　　四、勘测的安全防护 ………………………………………（004）

　　五、电梯井道勘测记录 ……………………………………（004）

第二节　施工方案设计与计划编制 ……………………………（004）

　　一、项目计划进度编制 ……………………………………（005）

　　二、工程准备 ………………………………………………（005）

第三节　现场管理 ………………………………………………（006）

　　一、施工现场管理网络图 …………………………………（006）

　　二、施工安全管理网络图 …………………………………（007）

　　三、施工质量管理网络图 …………………………………（007）

　　四、现场作业要素 …………………………………………（007）

　　五、现场监管 ………………………………………………（008）

　　六、安全和质量控制 ………………………………………（009）

第四节　现场工程交接 …………………………………………（009）

　　一、施工技术资料交接 ……………………………………（009）

　　二、施工技术交接 …………………………………………（009）

　　三、安全工作交接 …………………………………………（010）

第五节　开箱检查及安全存放 …………………………………（010）

　　一、开箱检查 ………………………………………………（010）

　　二、零部件安全存放 ………………………………………（010）

第六节　脚手架搭设及作业安全 ………………………………（011）

　　一、脚手架搭设 ……………………………………………（011）

　　二、作业安全 ………………………………………………（013）

本章小结 …………………………………………………………（013）

思考题 ……………………………………………………………（013）

第二章　电梯安装常规工艺 ……………………………………（015）

第一节　电梯安装工艺流程、样板架搭设及放样线 …………（015）

一、电梯安装工艺流程 ·················· (015)

二、样板架搭设及放样线 ·················· (015)

第二节 质量控制及作业安全 ·················· (018)

一、质量控制 ·················· (018)

二、作业安全 ·················· (019)

本章小结 ·················· (019)

思考题 ·················· (019)

第三章 机房设备安装 ·················· (020)

第一节 曳引机安装 ·················· (020)

一、曳引机位置的确定 ·················· (020)

二、曳引机搁机承重梁安装 ·················· (020)

三、机架避振及机架安装 ·················· (021)

四、曳引机和导向轮的安装 ·················· (021)

五、曳引机和导向轮的调整 ·················· (021)

第二节 限速器及张紧装置的安装 ·················· (022)

一、限速器的安装 ·················· (022)

二、限速器张紧装置的安装 ·················· (023)

三、悬挂限速钢丝绳 ·················· (023)

四、限速器动作夹紧力试验 ·················· (024)

第三节 质量控制及作业安全 ·················· (024)

一、质量控制 ·················· (024)

二、作业安全 ·················· (024)

本章小结 ·················· (024)

思考题 ·················· (025)

第四章 井道部件安装 ·················· (026)

第一节 导轨安装 ·················· (026)

一、作业工具准备 ·················· (026)

二、导轨支架安装工艺 ·················· (027)

三、导轨安装工艺 ·················· (030)

四、导轨安装质量控制 ·················· (033)

五、作业安全 ·················· (033)

第二节 轿厢拼装 ·················· (035)

一、作业工具准备 ·················· (035)

二、轿厢拼装工艺流程 ……………………………… (035)

三、轿厢拼装质量控制 ……………………………… (042)

四、作业安全 ……………………………………………… (043)

第三节　门机及轿门安装 ……………………………… (043)

一、门机安装工艺流程 ……………………………… (043)

二、门机安装质量控制 ……………………………… (046)

三、作业安全 ……………………………………………… (046)

第四节　对重安装 ……………………………………… (046)

一、作业工具准备 ……………………………………… (046)

二、对重安装工艺流程 ……………………………… (046)

第五节　补偿装置的安装 ……………………………… (048)

一、补偿链安装工艺流程 …………………………… (048)

二、补偿绳装置安装工艺流程 ……………………… (050)

第六节　缓冲器及底坑爬梯的安装 ………………… (053)

一、缓冲器的安装 ……………………………………… (053)

二、底坑爬梯的安装 ………………………………… (054)

第七节　钢丝绳悬挂作业 ……………………………… (054)

一、作业工具准备 ……………………………………… (054)

二、钢丝绳穿挂工艺流程 …………………………… (055)

第八节　质量控制及作业安全 ……………………… (063)

一、质量控制 …………………………………………… (063)

二、作业安全 …………………………………………… (063)

本章小结 ……………………………………………………… (064)

思考题 ………………………………………………………… (065)

第五章　层门安装 ……………………………………… (066)

第一节　层门地坎安装 ………………………………… (066)

一、有土建预留牛腿条件下的地坎安装 ………… (066)

二、采用钢牛腿(钢支架)的地坎安装 …………… (067)

第二节　门立柱(小门套)及大门套安装 ………… (068)

一、门立柱(小门套)安装 …………………………… (068)

二、大门套安装 ………………………………………… (069)

第三节　层门挂架安装、吊挂层门板、门锁闭合及调整 ……… (070)

一、层门立柱与挂架安装 …………………………… (070)

二、吊挂层门板 ………………………………………… (070)

三、门锁闭合及调整 ………………………………… (071)

第四节　质量控制及作业安全 ……………………………………………（072）
一、质量控制 ……………………………………………………………（072）
二、作业安全 ……………………………………………………………（072）
本章小结 …………………………………………………………………（072）
思考题 ……………………………………………………………………（073）

第六章　电气装置及部件安装 …………………………………………（074）
第一节　电气装置及部件安装工艺 ……………………………………（074）
一、作业工具准备 ………………………………………………………（074）
二、电气装置及部件安装工艺流程 ……………………………………（074）
三、电梯电气装置及部件的安装 ………………………………………（076）
第二节　机房电气部件安装 ……………………………………………（076）
一、电源开关柜(箱)的安装 ……………………………………………（076）
二、电梯控制柜(屏、箱)的安装 ………………………………………（078）
三、电线导管、电线线槽、金属软管的安装和布线 …………………（080）
四、导线的连接 …………………………………………………………（085）
五、其他电气部件的安装 ………………………………………………（086）
六、接地(零)保护系统简介 ……………………………………………（086）
第三节　井道电气安装 …………………………………………………（088）
一、随行电缆安装 ………………………………………………………（088）
二、轿厢电气部件安装 …………………………………………………（089）
第四节　井道层站电气部件安装 ………………………………………（095）
一、井道电气部件安装 …………………………………………………（095）
二、层站电气部件安装 …………………………………………………（097）
本章小结 …………………………………………………………………（098）
思考题 ……………………………………………………………………（099）

第七章　电梯调试与检验 ………………………………………………（100）
第一节　通电前、后的检查测量工作 …………………………………（100）
一、通电前的检查测量工作 ……………………………………………（100）
二、通电后的检查测量工作 ……………………………………………（100）
第二节　检测方法 ………………………………………………………（101）
一、电梯有司机操作运行状态的检查 …………………………………（101）
二、消防开关功能检查 …………………………………………………（101）
三、称量装置功能测试 …………………………………………………（102）
四、电梯运行舒适性测试 ………………………………………………（102）

五、工况测试 ……………………………………………………（102）

六、电梯运行曲线图 ……………………………………………（102）

七、平层准确度的测试 …………………………………………（103）

八、超速安全保护装置试验 ……………………………………（103）

九、上行超速保护装置的试验 …………………………………（103）

十、曳引性能试验 ………………………………………………（103）

十一、电梯负荷运行试验 ………………………………………（104）

本章小结 ………………………………………………………（104）

思考题 …………………………………………………………（104）

第八章　无脚手架的电梯安装 ……………………………（105）

第一节　无脚手架电梯安装工艺概述及工艺条件 …………（105）

一、无脚手架电梯安装概述 ……………………………………（105）

二、工艺条件 ……………………………………………………（105）

第二节　工装准备 ……………………………………………（106）

第三节　安装工艺流程 ………………………………………（107）

一、工艺流程图 …………………………………………………（107）

二、工艺流程表 …………………………………………………（108）

三、无脚手架施工曳引机慢车拖动示意 ………………………（110）

四、工程事项说明 ………………………………………………（111）

第四节　安装作业设备 ………………………………………（111）

一、顶层工作平台 ………………………………………………（111）

二、全部楼层门洞封堵围护 ……………………………………（113）

三、机房开孔作业（用水钻或电锤代替）………………………（113）

四、移动平台头顶保护 …………………………………………（114）

五、导轨校正工装 ………………………………………………（115）

六、对重架稳定装置 ……………………………………………（116）

七、轿厢升降及与对重交会作业 ………………………………（116）

第五节　样板架制作及放样板线 ……………………………（117）

一、机房放样方法 ………………………………………………（117）

二、样板架制作 …………………………………………………（117）

三、上样板架放设 ………………………………………………（117）

四、下样板架放设 ………………………………………………（118）

第六节　电梯安装 ……………………………………………（118）

一、机房设备安装 ………………………………………………（118）

二、底坑设备安装 ………………………………………………（119）

三、首层拼装轿厢(龙门)架 ………………………………………………… (119)

四、顶层吊装对重架 …………………………………………………………… (121)

五、悬挂曳引钢丝绳 …………………………………………………………… (122)

六、随行电缆悬挂 ……………………………………………………………… (123)

七、慢车调试 …………………………………………………………………… (123)

八、导轨安装 …………………………………………………………………… (123)

九、安装层门及其他设备 ……………………………………………………… (124)

十、快车调试 …………………………………………………………………… (124)

十一、验收移交 ………………………………………………………………… (124)

第七节　质量控制 ……………………………………………………………… (125)

一、电梯施工质量控制的一般要求 …………………………………………… (125)

二、无脚手架施工质量控制要求 ……………………………………………… (125)

第八节　作业安全 ……………………………………………………………… (125)

一、施工安全要求 ……………………………………………………………… (125)

二、调试慢车安全要求 ………………………………………………………… (126)

本章小结 ………………………………………………………………………… (127)

思考题 …………………………………………………………………………… (127)

第九章　自动扶梯与自动人行道安装 ……………………………………… (128)

第一节　安装前的准备 ………………………………………………………… (128)

一、安装资料的收集 …………………………………………………………… (128)

二、编制施工方案 ……………………………………………………………… (128)

三、现场土建跟踪 ……………………………………………………………… (128)

四、人员资质及施工交底 ……………………………………………………… (129)

五、土建交接 …………………………………………………………………… (130)

第二节　运输、拼接、吊装及调整定位 ……………………………………… (130)

一、自动扶梯运抵工地现场 …………………………………………………… (130)

二、平面运输时注意事项 ……………………………………………………… (131)

三、多段拼接 …………………………………………………………………… (131)

四、吊装 ………………………………………………………………………… (133)

五、调整定位 …………………………………………………………………… (134)

第三节　机械部件、电气系统及安全保护装置安装 ………………………… (135)

一、机械部件的安装 …………………………………………………………… (135)

二、电气系统与安全保护装置的安装 ………………………………………… (138)

第四节　调试与检验 …………………………………………………………… (139)

一、调试 ………………………………………………………………………… (139)

二、检验 ………………………………………………………………………… (139)

第五节　质量控制及作业安全 ·· （143）
　　一、质量控制 ··· （143）
　　二、作业安全 ··· （144）
本章小结 ··· （145）
思考题 ··· （145）

第十章　电梯安装质量控制 ·· （146）
第一节　导轨支架的安装质量缺陷 ·· （146）
　　一、支架安装未达横平、竖直 ··· （146）
　　二、支架中心偏差使整体受力不均 ·· （147）
　　三、框式支架整列偏差大 ·· （147）
　　四、基面不平产生扭曲 ··· （148）
　　五、安装固定未达到相应强度要求 ·· （148）
　　六、壁上螺栓倾斜，紧固未吻合 ·· （148）
　　七、支架位置装反 ··· （149）
　　八、整列支架与墙体连接强度不足 ·· （149）
第二节　导轨的安装质量缺陷 ··· （150）
　　一、非支架固定部位导轨的标准值超差 ·· （150）
　　二、导轨内部存在内弯曲内应力 ·· （150）
　　三、导轨接头处直线度差 ·· （151）
　　四、轿厢两导轨相互平行度差 ··· （152）
　　五、待装电梯导轨的检验与校正 ·· （152）
　　六、导轨安装过程中的校正与检查 ·· （152）
　　七、电梯乘载品质及通常存在缺陷的改进 ·· （153）
第三节　层门的安装质量缺陷 ··· （153）
　　一、层门的安装位置墙体间距过大 ·· （153）
　　二、地坎支架与地坪悬臂过大 ··· （155）
　　三、地坎支架安装面不平 ·· （156）
　　四、紧固件未达强度要求 ·· （157）
　　五、安装在建筑物上的支架无法紧固 ·· （157）
　　六、各部件尺寸未达要求 ·· （158）
第四节　曳引绳悬挂的质量缺陷 ··· （159）
　　一、在安装过程造成缺陷 ·· （159）
　　二、曳引钢丝绳受损伤 ··· （160）
　　三、运输或现场库存不当造成缺陷 ·· （160）

四、安装过程工序颠倒使之受损 ┈┈┈┈┈┈┈┈┈ （161）

五、张力误差产生的影响 ┈┈┈┈┈┈┈┈┈┈┈┈┈ （161）

第五节　安装自检内容 ┈┈┈┈┈┈┈┈┈┈┈┈┈┈ （162）

本章小结 ┈┈┈┈┈┈┈┈┈┈┈┈┈┈┈┈┈┈┈┈ （162）

思考题 ┈┈┈┈┈┈┈┈┈┈┈┈┈┈┈┈┈┈┈┈┈ （162）

第十一章　电梯安装安全技术 ┈┈┈┈┈┈┈┈┈┈┈ （163）

第一节　安全规程 ┈┈┈┈┈┈┈┈┈┈┈┈┈┈┈┈ （163）

一、安装作业人员资格 ┈┈┈┈┈┈┈┈┈┈┈┈┈ （163）

二、安装作业的基本要求 ┈┈┈┈┈┈┈┈┈┈┈┈ （163）

第二节　责任区危险部位防护 ┈┈┈┈┈┈┈┈┈┈┈ （164）

一、危险部位防护与安全警示 ┈┈┈┈┈┈┈┈┈┈ （164）

二、物件的正确放置 ┈┈┈┈┈┈┈┈┈┈┈┈┈┈ （165）

三、易产生事故的行为 ┈┈┈┈┈┈┈┈┈┈┈┈┈ （165）

第三节　脚手架搭设及使用的安全 ┈┈┈┈┈┈┈┈ （165）

一、脚手架搭建的一般要求 ┈┈┈┈┈┈┈┈┈┈┈ （166）

二、脚手架施工的危险源 ┈┈┈┈┈┈┈┈┈┈┈┈ （167）

三、危险控制措施 ┈┈┈┈┈┈┈┈┈┈┈┈┈┈┈ （167）

四、安全拆除脚手架 ┈┈┈┈┈┈┈┈┈┈┈┈┈┈ （169）

五、易产生的错误行为 ┈┈┈┈┈┈┈┈┈┈┈┈┈ （169）

第四节　井道安全索与安全带 ┈┈┈┈┈┈┈┈┈┈┈ （170）

一、安全索与安全带的使用 ┈┈┈┈┈┈┈┈┈┈┈ （170）

二、脚手架上作业安全 ┈┈┈┈┈┈┈┈┈┈┈┈┈ （171）

三、安全索的安装与拆除 ┈┈┈┈┈┈┈┈┈┈┈┈ （172）

四、进、出井道脚手架安全 ┈┈┈┈┈┈┈┈┈┈┈ （172）

五、易产生的错误行为 ┈┈┈┈┈┈┈┈┈┈┈┈┈ （173）

第五节　施工用电安全技术 ┈┈┈┈┈┈┈┈┈┈┈┈ （173）

一、现场临时用电的原则与要点 ┈┈┈┈┈┈┈┈┈ （173）

二、临时用电系统的设置规则 ┈┈┈┈┈┈┈┈┈┈ （174）

三、供电电源性能的检测 ┈┈┈┈┈┈┈┈┈┈┈┈ （174）

四、施工场所的安全照明 ┈┈┈┈┈┈┈┈┈┈┈┈ （174）

第六节　井道作业安全 ┈┈┈┈┈┈┈┈┈┈┈┈┈┈ （175）

一、井道脚手架作业安全 ┈┈┈┈┈┈┈┈┈┈┈┈ （175）

二、作业的不安全行为 ┈┈┈┈┈┈┈┈┈┈┈┈┈ （176）

三、作业的不安全状态 ┈┈┈┈┈┈┈┈┈┈┈┈┈ （176）

第七节　起重与吊装安全 ┈┈┈┈┈┈┈┈┈┈┈┈┈ （176）

　　一、起吊操作规则 ……………………………………………（177）
　　二、安全防范要求 ……………………………………………（177）
　　三、不同角度提升重物的受力分析 …………………………（177）
　　四、起重与吊装作业 …………………………………………（178）
　　五、起重设备的使用与管理 …………………………………（179）
　　六、千斤顶的操作 ……………………………………………（179）
第八节　动火作业与防火措施 …………………………………（180）
　　一、安全措施 …………………………………………………（180）
　　二、动火作业的防范要求 ……………………………………（181）
　　三、动火人员责任 ……………………………………………（181）
　　四、防火人员责任 ……………………………………………（181）
　　五、电焊作业安全措施 ………………………………………（182）
　　六、井道脚手架上动火作业安全 ……………………………（183）
第九节　电气作业安全 …………………………………………（183）
第十节　调试作业安全 …………………………………………（185）
　　一、作业基本要求 ……………………………………………（185）
　　二、进入轿顶操作 ……………………………………………（186）
　　三、退出轿顶操作 ……………………………………………（186）
　　四、轿顶操作规程 ……………………………………………（187）
　　五、机房作业安全 ……………………………………………（187）
　　六、进入底坑操作 ……………………………………………（188）
　　七、退出底坑操作 ……………………………………………（188）
　　八、底坑作业安全 ……………………………………………（188）
第十一节　现场库房安全 ………………………………………（189）
　　一、潜在危险 …………………………………………………（189）
　　二、危险的预防与控制 ………………………………………（190）
本章小结 …………………………………………………………（190）
思考题 ……………………………………………………………（190）

参考文献 …………………………………………………………（191）
附录 ………………………………………………………………（192）

第一章　工程前期准备工作

第一节　现场土建勘测

一、土建规格确认

1.勘测责任　勘测中的甲方指用户,乙方指具备电梯制造资质的供货方,应以乙方电梯现场专业人员为主,由甲方建设单位监理及安装单位共同参与勘测。

2.勘测工具及相关资料

(1)勘测工具见表1-1。勘测工具表中的工具可由制造方专业人员或安装公司安装队准备。

(2)所使用的量具必须处于计量检测合格周期内(包含下文所提及的必须计量的测量工具)。

表1-1　勘测工具表

序号	工具名称	规格	单位	数量	用　　途
1	钢卷尺	100~150m	把	1(视井道高)	测井道总高度、提升高度
2	钢卷尺	5m	把	1	测井道、机房深宽及机房高度
3	钢丝	Φ1mm	m	(视井道高)	测井道垂直误差
4	吊锤(重砣)	3~5kg	个	1	测井道垂直误差时绷直钢丝用
5	强光手电	—	个	1	勘测照明用
6	电阻表	—	个	1	测接地排对地阻值
7	油桶(或涂料桶)注水	10L	个	1	阻尼钢丝吊锤晃动

(3)项目的井道图纸及合同。

3.勘测工艺流程　(表1-2)

表1-2　勘测工艺流程表

	工艺流程	作业计划
1	井道土建技术条件勘测确认	
2	开工条件及合同条款落实检查	
3	提供勘测结果及整改意见	
4	整改复查	

4. 井道土建技术条件确认

（1）机房。

①测量和检查机房尺寸：机房深度与宽度，机房工作区域高度不小于 2m。

②承重吊钩：吊钩的位置与机房平面图一致，并与其承重设计相符。

③通风设施：机房采用开窗或强排风通风形式，开窗（孔）位置应避免雨雪飘淋电梯设备。

④机房门：机房门须由里向外推开，门距须大于主机宽度 10%（不小于 0.60m），门高不低于 1.80m。

⑤动力电源：三相五线制，供电线排至机房近门口的供电箱内。

⑥接地极：已将接地排引入机房，便于安装接地。接地电阻应不大于 4Ω。

⑦机房预留孔：检测预留绳孔、电缆孔等开孔位置及尺寸，应符合图纸要求。

⑧台阶形机房：机房地面高度不一且相差大于 0.5m 的，必须设置固定的带扶手的爬梯或设置土建踏步，并设置护栏。

⑨机房照明：机房应设有永久性的电气照明，地面上的照度不应小于 200lx。

⑩设有检修活板门时：如机房设有检修活板门，则活板门不得向下开启，门尺寸、承重及防护可参照 GB 7588—2003 中的 6.3.3.2、6.3.3.3 的要求。

（2）井道。

①井道深度与宽度：实测井道深度与宽度，相对的开门位置与土建图一致。

②井道总高度/提升高度：根据电梯井道（立）剖面图，复核总高度及提升高度。

③顶层高度：根据电梯井道剖面图，测量顶层的高度。

④底坑深度：测量底坑深度，与井道立面图底坑深尺寸一致。

⑤预留孔洞：检查各类预留孔、门洞尺寸，核实合同—订货尺寸，做出产品安装预留（含层门门洞、召唤盒留孔、消防开关留孔、层楼显示留孔、检修门孔、活板门孔等）。

⑥层站门数：检查实际层站门数，与合同的层、站、门数一致（含贯通门）。

⑦牛腿尺寸（若有）：与井道土建设计图一致，不影响层门地坎安装。

⑧门中心偏差度：通过门垂线检查每一预留层门洞的中心偏差度，不影响门框的直线度。

⑨井道结构：检查井道结构及预埋件或圈梁位置，应与井道设计图一致，能满足二档支架固定一根导轨且间距不大于 2.5m 的要求。

⑩井道的垂直偏差具体的测量方法参见图 1-1～图 1-3。

在井道顶端放下一根钢丝铅垂线，使吊锤下至底坑，不触地，吊锤可浸没在水桶内，待吊锤基本静止后测量井道顶层部位的垂线距井壁与井底部位垂线距同侧井壁水平距离，测出垂直偏差。根据国家标准 GB/T 7025.1—2008《电梯主参数及轿厢、井道、机房的型式与尺寸》的规定，井道垂直偏差值为：

井道深度垂直偏差量：$|A-B| = C$

井道宽度垂直偏差量：$|X-Y| = L$

C 或 L 的允许偏差值为：

高度≤30m 的井道 0～+25mm；

30m＜高度≤60m 的井道 0 ~ +35mm；

60m＜高度≤90m 的井道 0 ~ +50mm。

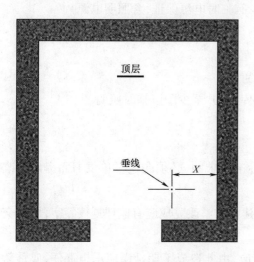

图 1-1　在顶层测侧壁误差

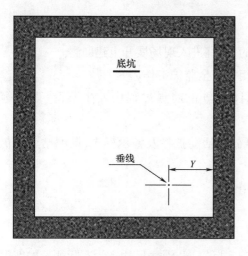

图 1-2　在底坑测侧壁误差

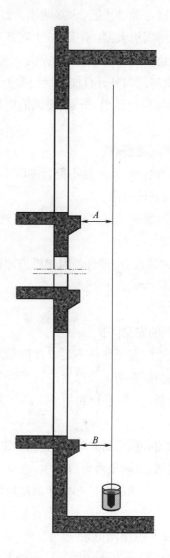

图 1-3　测量牛腿误差

注：若无牛腿则可直接以开门门洞下墙面为测量点。

二、开工条件确认

（1）井道符合电梯土建布置图及土建条件要求的，或有整改项且整改后经确认合格的。

（2）用户移交的现场，所有预留门洞必须加装护栏并已采取封堵措施。

（3）经检查井道内无水、电、煤等管道穿越，无妨碍施工的土建结构。

（4）底坑无渗水现象，杂物与渣土清理干净。

（5）施工通道及周边没有影响施工的障碍物和危险环境。

（6）层门门洞中心偏差不足以造成土建对层门门框直线度的干涉。

（7）机房电源已接通（未接通永久性电源的至少有临时电源保证，含照明电源）。

（8）机房搁机大梁（承重梁）土建基础已完成。

（9）井道照明已安装（甲方提供）。

（10）机房门向外开且能锁闭，窗户（通风）已设置。

（11）已提供可锁闭、干燥、通风的电梯部件存储库房，并至少配以临时照明。

三、勘测问题整改

（1）不符合项，尤其是不符合 GB 7588—2003 标准要求的，必须向建设单位书面提出整改意见，并确认整改时限。

（2）整改意见书送达建设方，须有建设方签收；建设方整改完成应有监理复核签字，再转交乙方存档备查。

（3）需向建设方告知，若因建设方原因不及时整改，由此造成工期延误应承担责任，或重新协商工程总进度。

四、勘测的安全防护

（1）土建的安全条件不足以保证勘测人员安全的，不宜进入现场展开土建勘测。

（2）勘测须有两人及以上进行，协同做好勘测、相互安全监护工作。

（3）对机房、井道预留孔、开口巡视，确认已封堵，防止勘测过程中发生坠落、砸伤等事故。

（4）勘测必须启封封堵的入口，勘测时应在入口放置活动护栏及警示标志，勘测结束后仍需恢复原封堵，预防坠落事故发生。

（5）参与勘测的人员必须穿戴规定的劳防安全用品。

五、电梯井道勘测记录

电梯井道勘测记录（表式）见附录1、附录2。井道实际宽度、深度尺寸应为实际测量的宽度 AH、深度 BH 尺寸分别减去 L、C 尺寸。

整改通知书（表式）见附录3。

第二节　施工方案设计与计划编制

为确保施工项目的质量与进度的控制，应根据项目的实际情况预先设计相应的施工方案，并编制科学、合理的作业计划。此项工作通常由项目经理完成，并按计划组织现场施工及进度协调。施工方案计划编制表见附录表4。

一、项目计划进度编制

以 10 层站、载重量为 1000kg 单台电梯为例,配备 4 名施工人员进行安装作业,不计脚手架搭建及调试、整机验收时间,应在 14 个工作日内完成整机安装。若将脚手架搭建及调试、整机验收时间全计算在内,则应在 18 个工作日的周期内。以下是计划进度表(表 1 - 3)仅供参考。

表 1 - 3　作业计划进度表

序号	工　序	1	2	3	4	5	6	7	8	9	10	11	12	13	14	15	16	17	18
1	搭建脚手架	▨	▨																
2	制样架放线			▨	▨														
3	导轨安装					▨	▨	▨											
4	机房设备安装							▨											
5	对重安装									▨									
6	轿厢拼装									▨									
7	安全部件安装										▨								
8	穿钢丝绳及补偿装置安装											▨							
9	层门安装												▨	▨					
10	电气设备安装														▨	▨			
11	底坑设备安装															▨			
12	拆脚手架、调试慢车																▨		
13	调试快车																	▨	
14	安装质量自查																	▨	
15	整机验收																		▨

注　(▨ 台电梯安装定额工期)

可以以单梯的安装周期为计算基数,经综合统筹测算,编排出项目的整体工程计划工期。

二、工程准备

1. 设备进场及开箱清点　电梯设备运到现场后,由安装队会同业主、现场监理、供应商代表一起对设备开箱验收,并按照发货清单进行清点、验收、记录、入库,并形成经签字确认的书面文件存档。

2. 库房准备　建设方应提供开箱后的电梯部件(本楼配置电梯)堆放的临时库房,可以设置在安装现场的底层,满足可锁闭、干燥、通风的基本存储条件,有足够亮度的临时性照明。

本节所叙的开工准备是以有脚手架为安装平台、以分层分配部件方式进行作业,采用轿厢单元拼装在顶层、对重安装在井道底部的作业方式。

3. 人员配备　根据不同的技术要求、规格参数、层站数等来确定所需劳动力及技术工种等。

4. 部件材料分层及起重　电梯进入正式安装前,可将部件进行分层放置。操作起重机械应由持特种作业操作证的人员操作。小部件的搬运、起重应由经过相关知识培训的人员指导操作。部件放置以设备安装部位就近为原则:

(1)曳引机、控制屏、机架、搁机梁运至机房。

(2)轿厢、轿厢架等相关部件吊装至顶层层面。

(3)主(轿厢)、副导轨(对重)在每个层面按比例放置。若安装队有自备卷扬机,则可将导轨储于井道底坑,铺上垫底木板或纸板箱,以防导轨端头磨损。

(4)将每层的层门上坎架吊装至楼层层面。

(5)其余暂时不用的部件,如电气零部件、门板、紧固件等放入库房。

5.脚手架搭设 井道脚手架是电梯井道内施工人员的作业平台,搭设前应先清理井道底坑。搭设必须有施工资质的专业人员操作,而且必须符合相关规范。脚手架搭设既要确保安全质量,又不能影响安装作业。

6.施工人员基本条件

(1)身体健康,凡是有视觉(双目视力矫正以后在 0.8 以下、色盲)或听觉障碍,高血压、低血压病,心脏病,癫痫病,神经官能症,精神分裂症,恐高症,严重口吃等疾病,均不能从事电梯安装、维修工作。

(2)必须熟悉和掌握起重、电工、钳工和电梯驾驶方面的理论知识和实际操作技能,熟悉高处作业、电焊、气焊、防火等安全知识。

(3)必须熟悉电梯和自动扶梯基本结构与原理、安装与维修工艺以及电气、机械安全装置的作用与安装要求。

7.安全施工设施准备

(1)施工现场必需的劳防用品:安全帽、安全带、安全鞋、工作服、手套、护目镜等配置齐全。

(2)所使用的工具:手持电动工具、起重工具、生命(安全)绳等均有安全检查合格记录,并在检测周期之内。

第三节 现场管理

一、施工现场管理网络图

施工现场管理网络图见图 1-4。

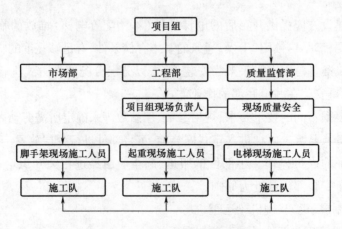

图 1-4 施工现场管理网络图

二、施工安全管理网络图

施工安全管理网络图见图1-5。

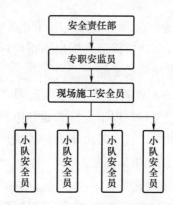

图1-5 施工安全管理网络图

三、施工质量管理网络图

施工质量管理网络图见图1-6。

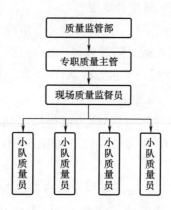

图1-6 施工质量管理网络图

四、现场作业要素

1. 施工资质

（1）电梯安装工作由电梯制造企业及专业安装工程公司来完成，这些企业必须取得特种设备安装、维修许可证。

（2）电梯制造企业或专业安装工程公司应根据工程的规模以及工期的要求，配备拥有相应数量的持有政府部门颁发的上岗证的安装人员。

（3）电梯制造企业或专业安装工程公司委派项目经理负责安装工程的计划编制、协调、人力调配及现场工程质量管理和安全管理等工作。

(4)设备进场前,电梯制造企业或专业安装工程公司需预先完成向政府相关部门办理开工申报手续,并将进场人员名单上报项目的总承包方及监理方。

2. 施工进度

(1)确保工程工期。电梯制造企业或专业安装工程公司应及时派出前期跟踪人员对电梯井道的土建尺寸进行现场勘测,同时以书面形式提出不符合项的整改意见;督促土建施工方按计划完成井道整改,保证电梯安装工程的工期。

(2)计划协调。由于电梯安装工程较为复杂、不确定因素较多,业主若根据工程建设情况需对整体进度协调时,应提前将调整计划以书面形式通知电梯施工方,并应与供应商或专业安装工程公司协商达成一致意见,共同认可。若由于现场各项因素制约无法调整工期的,供应商或专业安装工程公司也应向业主做出书面回复。

3. 现场配合 为保证电梯的安装进度,工程相关各方的配合工作必须及时到位,如:

(1)电梯井道土建不符合部分的及时整改,整改完成后监理的复核。

(2)工地现场的塔吊、建筑方的施工升降梯等垂直运输工具的及时提供。

(3)施工电源、调试电源的接驳点应就近提供(由建设方承担协调责任)。

(4)门套、地坎的灌浆填充作业的及时提供等。

4. 进度告知 在电梯安装期间,供应商或专业安装工程公司将会定期向总承包方、监理工程师提交施工进度实施报告和施工进度计划报告。

5. 隐蔽工程 要求专项检验的项目一定要等检验合格后,方可进入下一个工序的施工。

6. 工期控制 工期应根据工程情况随时修订(如遇到由于业主或总承包方的原因造成的工期延后,应以书面的形式与业主或总承包方确认,则工期相应向后顺延),同时要填写施工进度日志。

7. 确定参照基点 装饰层面的标高、轴线是电梯层门地坎施工的参照基点,业主和土建单位必须提供书面的装饰层面标高线及楼面轴线施工图,并在层厅井道外墙上进行画线标示。

8. 由甲方自理的设施 由业主自理或委托土建方实施与电梯有关的灌浆填充、井道内永久照明、机房搁机大梁、底坑爬梯安装等工作,现场安装人员应提供作业时间段,并予以配合。

五、现场监管

(1)电梯制造企业或专业安装工程公司委派项目经理、专职安监员、现场质监员。

(2)项目经理主要负责计划进度编制、进度控制、安全和质量管理、用户服务和资源控制等综合协调工作。

(3)专职安监员(安全工程师)主要负责施工小队安全教育及安全工作指导,并通过施工小队安全员对整个工程实施过程中所涉及的安全生产方面的工作及措施予以落实,可以定期或不定期地对施工现场安全现状进行检查,有权对违章行为进行处置,实现安全监控。

(4)现场质监员(质量工程师)主要负责电梯安装现场的安装质量监察,通过施工小队质量员落实质量措施,可以定期或不定期地对施工质量进行抽检及参与电梯完工后的验收,安装人员应积极配合。

(5)安装的全过程,现场安装人员应接受项目经理的统一管理,严格遵守业主、总承包方及监理方的现场各项规章制度,确实做到"文明施工"、"安全施工"。

(6)对于安装人员提出的安装过程中的各项施工配合及各分包方之间的协调要求,项目经理应及时与业主、总承包方、监理方协调、解决。

(7)业主、监理方召开的工程、安全、质量例会,供应商或专业安装工程公司都应派现场相关负责人准时参加,并按会议决议要求贯彻落实。

六、安全和质量控制

(1)每项工程设专职或兼职质量/安全监督人员,在安装小队内设兼职质量/安全人员,建立自检和互检制度。小队质量/安全检查员应按照"安装与验收标准"及"安全检查表"的要求,对各安装工序进行检查,并记录。

(2)安装应严格按工艺、工序进行。现场的质量员监督安装全过程,对每个安装阶段都应进行检查,并对相应的"安装质量记录"加以确认,如前一工序未达到要求,不能进行下一步工作等。

(3)现场项目负责人、质量员应经常巡视安装现场,组织必要的质量/安全现场会,进行经常性的质量教育。

(4)在安装过程中,专业监理工程师如发现或有理由认为某个部位有缺陷或故障,需要查找和修复时,安装公司应予以积极配合。

第四节　现场工程交接

一、施工技术资料交接

电梯安装施工前,施工队应获取及熟悉以下项目技术资料:

(1)产品销售合同、安装合同 。

(2)产品安装用机械、电气图纸。

(3)井道设计图。

(4)土建勘测记录。

(5)电梯安装作业指导书(通用部分及相关专用部分)。

(6)装箱清单等。

二、施工技术交接

(1) 常规工艺及质量技术交接。由电梯制造厂或专业安装工程公司的工程师依据图纸技术要求向安装队作业人员进行技术交底。

（2）非标、非常规构造电梯的技术交接。由电梯制造厂工程师向安装队作业人员对非标、非常规构造电梯技术要求作详细讲解、交代。

（3）双向技术沟通。除电梯制造厂工程师向安装队作业人员进行技术交接外,还应对作业人员尚未理解的问题作进一步解释或展开探讨。

三、安全工作交接

（1）专业安装公司应向委托方出示施工资质证书及施工人员的作业上岗证,尽到示证义务。

（2）由委托方或专业安装公司项目负责人向施工小队介绍工地概况及施工安全注意事项。

（3）安全防护的落实。

①个人的劳防用品有安全帽、安全鞋、安全带、防尘目镜、电焊防护面罩和手套等,均在使用有效期内。

②施工用的设备,如电动工具、起重工具和其他工具应完好和安全,也在安全检测周期内,并有检测记录。

（4）机房、井道防护设施。井道移交时由土建施工方落实防护工作,机房防护设施也一并移交由安装人员接手管理,确保安全。

第五节 开箱检查及安全存放

一、开箱检查

1. 开箱前检查 首先检查产品的外包装是否有破损和受潮,如有破损及受潮应通知运输公司和供应商及时到场进行确认,如无法及时到现场确认,应停止开箱作业。

2. 开箱后检查

（1）开箱后如发现零部件损坏或锈蚀,供应商应予以更换。若属业主或现场安装单位保管不当造成货箱损坏或淋雨浸水而导致零部件损坏或锈蚀的,由业主或现场安装单位承担责任。

（2）零部件原产地核实。开箱后若发现零部件不符合产品供货合同规定,则应联系设备供应商予以更换。

（3）缺损件处理。开箱后若发现零部件有缺损,则应向制造商或运输部门发出书面缺损清单,相关部门对于部件缺损更换发货应及时,不得影响安装工期进度。

二、零部件安全存放

（1）准备库房是建设方的责任,库房要求有简易照明,通风条件良好,其相对湿度在80%以下,库房门能锁闭。

（2）开箱后,电梯零部件存放于建设方指定的库房,安装队有责任保管好电梯的零部件,保证安装期间电梯零部件不受潮生锈、质变、缺失;保证电梯零部件完好无损。

（3）库房电梯零部件存放,应按工艺进度先后有序、合理堆放,轻、重部件区分堆放,为文明施工、安全施工打好基础。

第六节　脚手架搭设及作业安全

一、脚手架搭设

1. 脚手架搭设施工方案编制　施工方案的编制内容应包括编制依据(标准)、工地概况、搭设工序、脚手架重量的计算、安全措施、应急预案等方面。可参照上海市地方标准 DG/T J08—2053—2009《电梯安装作业平台技术规程》执行。

允许整体搭设高度见表 1-4。

表 1-4　常用井道脚手架允许整体搭设高度表　　　　单位:m

立杆横距(X)	立杆纵距(Y)	步距	允许整体搭设高度	上部单立杆允许搭设高度	下部双立杆允许搭设高度
$X\leqslant1.4$	$Y\leqslant1.4$	1.8	80	$\leqslant40$	$\geqslant40$
$1.4<X\leqslant1.6$	$1.4<Y\leqslant1.6$	1.8	60	$\leqslant30$	$\geqslant30$
$1.6<X\leqslant1.8$	$1.6<Y\leqslant1.8$	1.8	50	$\leqslant24$	$\geqslant26$
$1.8<X\leqslant2.2$	$1.8<Y\leqslant2.2$	1.8	40	$\leqslant24$	$\geqslant16$

2. 施工前的准备工作

（1）电梯安装用脚手架在搭设前,应结合电梯特点和施工要求编制施工方案,经现场安全监理和总承包方安全审核批准后方可组织实施。施工时应严格按照方案逐步进行。

（2）脚手架搭设人员必须持证上岗,佩戴好安全帽、安全带等一切必需的劳防用品。

（3）脚手架搭设单位主管应根据施工特点和施工方案的要求向施工人员进行安全、技术交底。

3. 脚手架搭设要求（图 1-7 和图 1-8）

（1）脚手架搭设前,施工人员应参照井道土建图,以对重后置或偏置来确定脚手架搭设方案,为样板架放线、井道部件安装留有充足的作业空间。

（2）应选用符合 JGJ 130—2011《建筑施工扣件式钢管脚手架安全技术规范》的 $\Phi48.3mm×3.6mm$ 的优质脚手架钢管及铸钢扣件搭设脚手架。一般情况下,井道高度超出 30m 时应采用双立杆加固;超出 60m 时应用工字钢隔断,并采用悬挑措施,以保证脚手架的承受量。每个工作平台满铺竹篱笆或多层胶合板用作作业踏板,并用 16# 铁丝绑扎固定,其承重强度约 200kg 左右。

（3）脚手架每完成一层,应按规范校正步距、纵距、横距及立杆的垂直度。立杆相邻的对接扣件不应在同一高度,以确保脚手架稳固。

4.电梯脚手架重量理论计算

例：　　　　　　　　　　　井道高度 14.15m，步距 1.8m，共 7 档。

井道截面尺寸取 2.1m×2.3m

载荷：钢管横向　1.5m×7(根)×3.84kg/m=40.32kg

竖向　1.8m×4(根)×3.84kg/m=27.648kg

扣件　1.84 kg/只×14 只=25.76kg

竹篱笆(2.1−0.9)m×(2.3−0.9)m×0.35kg/m²=0.588kg

每档重量　$\sum$=40.32kg+27.648kg+25.76kg+0.588kg=94.316kg

脚手架总重量　$G_{静}$=94.316kg×7(档)=660.212kg

以两组人员同时施工为例：$G_{动}$=75kg/人×4 人=300kg

$$G=1.2G_{静}+1.4G_{动}$$

$$=1.2×660.212kg+1.4×300kg$$

$$=792.2544kg+420kg=1212.2544kg$$

每根底部立杆受力：　　$F=1/4G=1/4×1212.2544kg$

$$=303.0636kg=2970.123(N)$$

5.脚手架搭设顺序　应由下而上进行，随搭随检查，符合要求后方可搭设上一节平台。

6.脚手架检验　脚手架搭设完毕后需自检，检查钢管的垂直度、尺寸、扣件的紧固力是否满足电梯安装需要。自检合格后报有关部门进行验收，合格后交付下一工序使用。

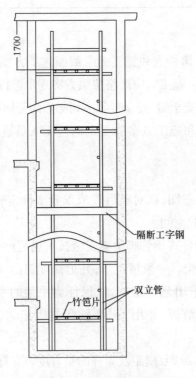

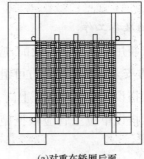

(a)对重在轿厢后面

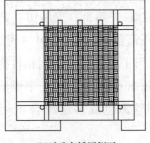

(b)对重在轿厢侧面

图 1−7　脚手架立面图　　　　　图 1−8　脚手架平面图

7.验收合格后挂出标识牌　验收合格的脚手架应在首层挂出"验收合格,准予使用"的标识牌,且其中应含有工程名称、搭设单位名称、检验单位名称、安全负责人名字及使用时间段等内容。

8.安全负责人的职责　安全负责人有权对违规使用行为进行监督指正,并定期(每两个月)对脚手架进行安全复查;使用中需临时变更局部井道脚手架结构时,安全负责人有责任做好安保措施,并核准、落实。

9.脚手架拆除　拆除作业必须由上向下逐层进行,严禁上下层同时拆除;拆除时应注意现场成品保护,其他无关人员不得进入现场;拆除完毕后清理现场,材料堆放整齐,以待撤离现场,需要时由总承包方进行数量清点,清点无误后方可离开现场。

二、作业安全

1.脚手架的安全规范

(1)脚手架作为电梯安装的工作平台应由专业单位、专业人员搭建。

(2)严禁擅自拆除脚手架。确因作业需要临时变更局部脚手架时,应经充分论证;在作业完成后应迅速恢复原状。

(3)搭设、拆除脚手架时应穿戴好个人的劳防用品。

(4)脚手架应是牢靠的结构,脚手架踏板应可靠、固定。

(5)脚手架爬梯应牢靠且安装扶手方便安全上下。

(6)不准将易燃易爆品放置在脚手架上。

(7)严禁在脚手架上从事气割作业,或将脚手架钢管用作电焊作业的搭铁回路。

(8)拆除脚手架时,严禁将扣件或钢管向下抛掷,易发生坠物伤人和损毁器材的危险。

2.电梯脚手架安全生产管理与维护

(1)脚手架在使用过程中应每月进行一次安全检查和维护。

(2)脚手架停用2个月以上的在恢复使用前必须进行安全检查,只有在检查合格后方可使用。

3.应急预案　电梯脚手架在施工过程中,如有安全事故发生,则应有现场负责人组织指挥全体人员全力抢救事故中受伤人员,在第一时间拨打120急救电话,配合做好现场保护,并及时向上级及相关部门报告。

本章小结

本章将电梯及脚手架安装的前期准备工作,即从井道勘察起,到施工方案设计与作业计划编制、现场管理,至脚手架搭建、维护、使用等作了详尽的描述;对安装工艺进行简洁的交代,使编制工程计划有了参照和依据,并对现场施工人员提出了作业的安全要求。

思考题

1.井道勘测重点有哪些?

2. 安装现场管理有哪几个方面?

3. 编制工程计划的目的是什么?

4. 井道脚手架搭设有哪些要求?

5. 简要回答脚手架安全使用要求。

■第二章 电梯安装常规工艺

第一节 电梯安装工艺流程、样板架搭设及放样线

一、电梯安装工艺流程

电梯安装常规工艺流程见图2-1。

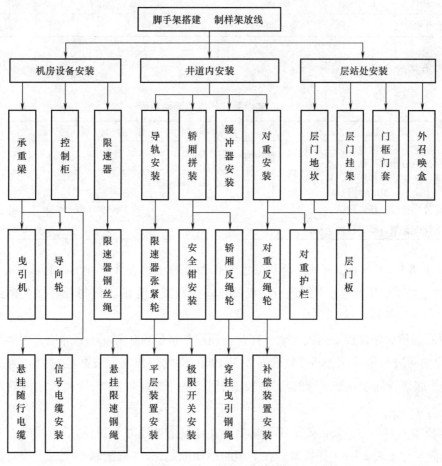

图2-1 常规工艺流程图

二、样板架搭设及放样线

1. 样板架工具准备 （表2-1）

表2-1 工具、材料表

序号	工具、材料名称	规格	单位	数量	用途
1	上样板架条木	80mm×40mm(或100mm×60mm)×2500mm	段	6	井道总高低于20m时使用前者
2	下样板架条木	60mm×50mm×2500mm	段	8	
3	样板托架条木	100mm×100mm×2500mm	段	2	视井道宽距至适合安装
4	钢丝	Φ1mm	kg	N	视井道总高确定
5	吊锤(铁坨)	3～5kg	个	8	
6	铁钉	3"	kg	0.5	
7	水桶	d400mm×h400mm	个	8	(废机油桶、涂料桶)
8	U骑马形钉	1/2"	个	30	
9	角钢	50mm×50mm×5;长400mm	段	4	
10	膨胀螺栓	12mm	套	10	
11	手提冲击钻	10～20mm	把	1	

2. 样板架放样线工艺 (表2-2)

表2-2 样板架放样线工艺流程表

	工艺流程	作业计划
1	将角钢用膨胀螺栓固定在顶层井壁上并保持两边角钢高低、水平一致	
2	按井道平面图制作样板架,并在放线点木架上锯下1mm放线缺口	
3	向井道放样线,稳定线坠	
4	制作下样板支架,固定样板垂线	

3. 样板架搭设、制作与放样线 样板架的制作就是将电梯安装尺寸的垂直放样定位,在制作样板架时先要对电梯土建布置图进行仔细阅读。样板架制作的正确与否直接关系到电梯的安装质量。

(1)顶层部位制作样板架搁置支架。在井道顶层距楼板600～800mm部位先用膨胀螺栓固定井壁一边的两段角钢,校正水平,允许误差1/1000;将此边角钢安装高度对应到对面井壁上并画线,用膨胀螺栓固定井壁对面的角钢,校正水平,允许误差1/1000,同时校正两对角钢的高度差不大于2mm。

(2)样板架的制作。样板架要选用不易变形并经烘干处理的、四面刨平且互成直角的木料制作,其截面尺寸见表2-1。样板架需在平坦的地面上制作,在框架制作完后应校对框架的对角线,使对角线相对偏差不大于2mm,并用木料将框的四个角固定住,以保证样板架的准确性。在每个放线点的角上用钢锯条沿着标注线锯一道深约10mm的斜口,在其旁钉一枚铁钉。为了便于辨别,应在样板架的主要尺寸处(比如轿厢和对重中心线、层门和轿门的门口净宽点、导轨校对点等)进行文字标注,样板架的形状见图2-2。

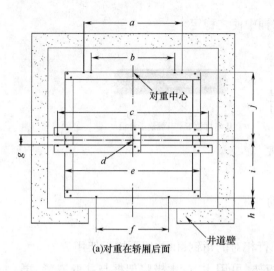 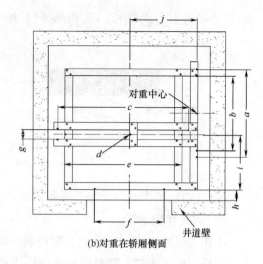

(a)对重在轿厢后面   (b)对重在轿厢侧面

图2-2 样板架平面示意图

a—对重导轨支架间距 b—对重导轨校导间距 c—轿厢导轨间距 d—轿厢中心点 e—轿厢导轨校导间距
f—净门距 g—压导板孔距 h—井壁至轿地坎间距 i—轿地坎至轿厢中心间距 j—轿厢中心至对重中心间距

（3）架设。将用两根四面刨平且互成直角的截面积大于$0.1m \times 0.1m$的木料制成的样板托架架设至井道墙壁上的角钢上；再将样板架安装在托架上，并将两者校正呈相互平行。可靠固定在角钢上，不能位移（图2-3）。

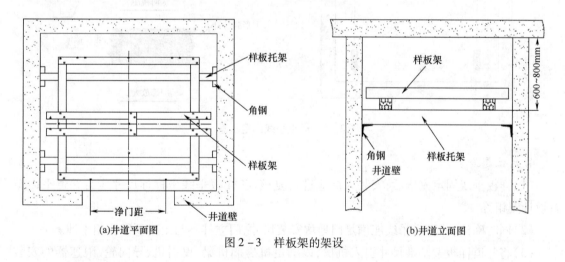

(a)井道平面图   (b)井道立面图

图2-3 样板架的架设

（4）放样板垂线。

①首先放层门垂线，作为井道其他放线的参照基准。必须保证所有层门地坎、门柱、挂件、层门板活动区域与土建不冲突，尽量将层门部件与土建最突出点的间隙控制在6~10mm。

②参照层门垂线并结合井道平面图，确定轿厢导轨、对重导轨的放线点。

③确定样板架放线点后锯出放线点斜口，将$\Phi 1mm$钢丝的一头缠绕于样板架斜口附近及斜口旁铁钉上，另一头通过斜口放至底坑（图2-4）。钢丝下端悬垂3~5kg的铁坨将钢丝拉直，如提升高度较高，端部吊锤（铁坨）的重量也可以适当增加。为了防止安装时铅垂线的晃

动,可以参考上一章中图 1-3 将吊锤(铁坨)置入水桶中使之稳定。

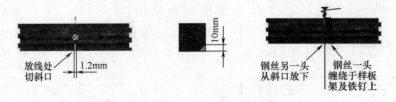

图 2-4　样板架放线示意图

④用木方、木楔或钉子将放线架固定并不得松动。

(5)固定样板垂线。

①在离底坑 0.8~1.0m 的井壁两侧安装四根平行相对的角钢,供放置下样板架用。

②将下样板架移至贴紧样板垂线后,固定下样板架,可用木方、木楔将架框与井壁嵌紧,再用 U 形骑马钉将垂线钉于下样板架上,即使施工无意碰触垂线,垂线也不会走样,见图 2-5。

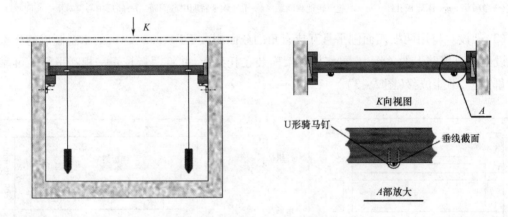

图 2-5　样板垂线固定示意

4.定位复验

(1)样板垂线固定完毕后,安装人员应进行复核,各样板垂线坐标标尺寸应与井道平面布置设计图相符。

(2)同时确认,井道门吊线能满足门地坎安装尺寸、门立柱不与土建预留孔相干涉。

(3)将井道样板架基准尺寸引入机房,以满足机房搁机梁、曳引机、导向轮、限速器的安装位置确定。

第二节　质量控制及作业安全

一、质量控制

(1)搁置样板托架的角钢水平度、等高度应≤2mm,保证样板架放置的水平度允差 1/1000。

（2）样板放线垂直度上、下允差掌控在 1.5/50000。

（3）各样板垂线相互水平间距尺寸，上端与下端允差≤1mm。

二、作业安全

1.搭设样板架作业安全　按规定凡进入井道现场作业的，必须使用、穿戴相关的劳防用品：安全头盔、全身保险带、安全鞋、手套、工作目镜、防护工作服等。

2.高空施工安全　井道内应放置不少于两根生命线（在井道顶部固定悬挂至底坑的高强度绳缆），作业时为防止发生作业人坠落的危险，个人应使用全身式保险带，并将保险带的止回锁系挂在生命线上进行作业，每条生命线只准一人使用。

3.井道防坠物保护　放线时处于立体作业环境，应预先将机房通向井道开口以及各层门洞口全部封堵，井架平台上不堆杂物，使用的工具用绳索带住，以防坠物伤害下方作业人员。

本章小结

样板架的制作是电梯安装的关键，在制作前应仔细研究电梯安装土建图，尤其放线的坐标位置直接决定了电梯的安装质量。将基准引入机房，为曳引机、控制屏、限速器等安装提供参照。

样板架的制作工艺至关重要，科学、严密的工艺是确保样板线精确、稳固的基础。

思考题

1.电梯行业内放样板线有"三板六线（层门、轿厢导轨、对重导轨各两根）"的说法，为什么？本章放样板线工艺是几板几线？

2.为什么要保证样板架的水平度？

3.样板垂线垂直度允差 1.5/50000 是什么概念？

4.控制各样板垂线相互水平间距尺寸的目的是什么？

5.放样板线立体作业需要注意哪些安全问题？

■第三章　机房设备安装

第一节　曳引机安装

曳引机安装工艺流程见表 3 – 1。

表 3 – 1　曳引机安装工艺流程表

工艺流程		作 业 计 划
1	曳引机位置的确定	
2	搁机承重梁的安装	
3	机架避振及机架安装	
4	曳引机的安装及调整	
5	导向轮的安装及调整	

一、曳引机位置的确定

曳引机中心位置按有机房电梯的曳引方式分为两种。

1. 曳引比为 1:1　分别取轿厢导轨以及对重导轨间距中心点作为曳引机的轿厢和对重的中心位置。

2. 曳引比 2:1　分别以轿厢导轨间距中心点减去轿厢反绳轮半径以及对重导轨间距中心点减去对重反绳轮半径,作为曳引机的轿厢和对重的中心位置。

二、曳引机搁机承重梁安装

曳引机承重梁是整台设备承重重量最大的部分,包括曳引机、轿厢、对重、曳引绳、随行电缆、补偿装置等的全部重量,一般由槽钢、工字钢制成。曳引机搁机承重梁安装见图 3 – 1。承重梁的受力点一定要在结构承重梁或连续(承重)墙上。从样板架将轿厢中心点和对重中心点引至机房地面后,画出曳引机承重梁的位置。承重梁一端伸入预留墙孔,另一端需砌筑一个与预留孔台阶等高的水泥墩(长、宽、高根据曳引机的安装方式确定),面上已预埋铁板,待水泥墩干后将承重梁按画线位置放上,定位后为防止承重梁移动,可用点焊、段焊在预埋铁板上,端头可焊一根角铁相连。承重梁插入墙孔部分的深度应 $>0.5D+20\text{mm}$(D 为墙体厚度),且不得小于 75mm。

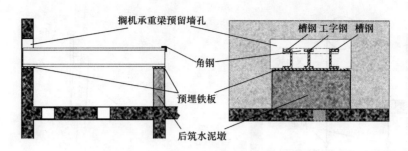

图 3 - 1 曳引机承重梁安装示意图

三、机架避振及机架安装

机架是承重梁与曳引机的过渡部件,一般使用型钢,由厂家或曳引机供应商根据曳引机的尺寸制成。机架上部与曳引机连接,底部与隔振块连接,隔振块用压导板或螺栓与承重梁连接,将曳引机工作时产生的噪音和振动隔开。初装时,所有的螺丝暂不拧紧(此仅为一种工艺方式)。

四、曳引机和导向轮的安装

1. 曳引机的安装 在机架安装上后,用葫芦将曳引机吊起放置在机架上,用螺栓与机架连接起来,但不要紧固,先调整水平,水平度在 2/1000 之内。

2. 导向轮的安装 导向轮是将曳引绳引向对重的装置,其轮宽、绳槽节距、槽宽与曳引轮一样。导向轮安装在机架底部,通过导向轮支架用螺栓与机架连接。

五、曳引机和导向轮的调整

1. 曳引机、导向轮水平度、轮端垂直度调整 在曳引机和导向轮初步安装好后,首先进行水平度调整,因为前面已进行过初调,所以调整的程度不会很大。曳引轮中心与轿厢中心点的调整,在曳引轮轮槽边和导向轮边向样板各放下一只线锤,不碰样板架但越近越好,便于观察,看线锤端是否对准样板上轿厢中心点和对重中心点,通过调整曳引机的位置使线锤对准中心点,见图 3 - 2。由于隔振块是用橡胶制成的,在重压下会有变形,所以在安装曳引机时要放一定的余量。如果垂直度相差太大就会造成曳引绳在进出绳槽时产生摩擦,使曳引绳产生振动而影响运行舒适感,还会加快曳引绳的磨损,缩短曳引绳的使用寿命。所以,应该在曳引机还没受力的情况下,将曳引轮侧稍微垫高一点,使曳引轮有一点向上倾斜,当曳引绳挂上,隔振块受力变形后,曳引轮正好消除倾斜达到垂直。调整后的曳引轮垂直度偏差 ≤4/10000,见图 3 - 3。调试完毕,可以将各连接点的螺栓、螺母拧紧锁紧。

2. 曳引轮与导向轮绳槽重合度调整 曳引轮与导向轮绳槽一定要重合,否则会造成曳引绳侧向摩擦绳槽,引起轿厢抖动和曳引绳磨损,一般在曳引机定位后,通过调整导向轮的挂架位置,调整其与曳引轮的错位度,允许偏差 ≤1mm,见图 3 - 4。因外轮毂曳引轮与导向轮不一定一致,所以在槽距等同时,以轮槽测试较为正确。

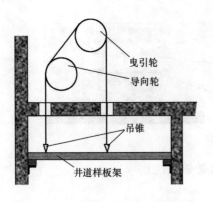

图 3-2　曳引机水平度调整

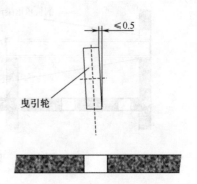

图 3-3　曳引轮垂直度调整

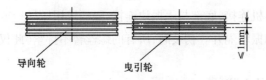

图 3-4　曳引轮与导向轮错位度调整

第二节　限速器及张紧装置的安装

限速器是当电梯超速时,其电气、机械先后动作,首先电气开关动作使曳引机失电、机械动作使限速器钢丝绳被卡夹,通过联动机构使安全钳动作将轿厢制停在导轨上的安全保护装置。限速器的安装工艺流程见表 3-2。

表 3-2　限速器的安装工艺流程表

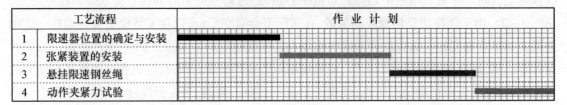

	工艺流程	作 业 计 划
1	限速器位置的确定与安装	
2	张紧装置的安装	
3	悬挂限速器钢丝绳	
4	动作夹紧力试验	

一、限速器的安装

限速器由限速器体、限速器绳、限速器绳轮、夹绳臂与夹绳块、离心锤联动拉杆、制动块、夹绳臂转轴等组成。

(1)依据机房平面布置图,将限速器安装位置在机房地板上作出标记。

①限速器若安装于地面上,则在地面钻膨胀螺栓孔,将限速器底座或限速器本身用膨胀螺栓固定。

②限速器若安装于机梁上,则在机梁上钻孔,用六角螺栓螺母固定限速器。

(2)安装限速器时要注意限速器的动作方向。

(3)限速器轮的垂直度应不大于2/1000。

二、限速器张紧装置的安装

限速器张紧装置的作用是压紧限速器钢丝绳,使其在限速器的绳槽内有足够的摩擦力,由张紧轮和配重块组成。张紧装置安装在井道底坑内一侧的轿厢导轨上,并满足以下要求:

(1)张紧轮断绳开关动作后,最低部分离地面至少有不小于150mm的距离,见图3-5。

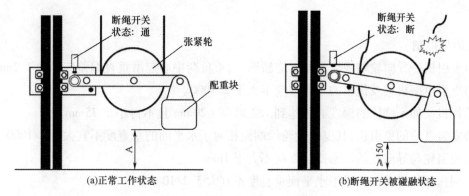

图3-5　张紧装置安装示意图

(2)张紧轮的最低部分距离底坑地面的尺寸见表3-3。

表3-3　张紧轮最低部分距离底坑地面的尺寸

电梯额定速度(m/s)	≥2	1.5~1.75	0.25~1
距底坑地面尺寸A(mm)	750±50	550±50	400±500

注:滑槽式张紧装置也是限速钢丝绳张紧结构之一,常用于高速电梯。

三、悬挂限速钢丝绳

(1)从限速器绳轮动作端孔向井道放下钢丝绳,与轿厢的安全钳拉杆上端相连接,钢丝绳穿过上端的楔铁绳头,裹住绳头内的"鸡心块"汇出,用绳夹夹固。

(2)从限速器绳轮另一端孔向井道放下钢丝绳,钢丝绳围绕张紧轮后汇向安全钳拉杆下端,钢丝绳穿过下端的楔铁绳头,裹住绳头内的"鸡心块"汇出,用绳夹夹固。

(3)限速钢丝绳紧松控制。新装电梯可适当紧些,使张紧轮横臂有些上翘,随着钢丝绳自然伸长,最终会使张紧轮横臂趋向水平。如太松,钢丝绳会由于自然伸长而使张紧轮横臂下摆碰触断绳开关,引起电梯错误动作——急停。

四、限速器动作夹紧力试验

1. 限速器动作夹紧力静态试验

（1）人为动作使限速器夹绳块动作，夹紧钢丝绳，用弹簧吊秤挂住动作方向钢丝绳，当弹簧秤拉到 300N（或按照设计要求值）时，钢丝绳未发生滑移。

（2）用弹簧吊秤挂住安全钳提拉机构的动作方向，提拉弹簧秤至某值时，安全钳钳块被拉起，用此值专门验算限速器夹绳力是否满足 2 倍安全钳提拉力的要求。

2. 限速器动作夹紧力动态试验　电梯以检修速度下行，机房里人为操作限速器发生轧绳动作，安全钳拉杆被提起，安全钳动作使轿厢制停在导轨上，说明夹紧力满足安全钳动作需要。

第三节　质量控制及作业安全

一、质量控制

（1）曳引机—导向轮切线绳悬挂对应轿厢、对重负荷中心起吊垂直偏差应不大于 2mm。

（2）曳引机搁机梁及机架的水平度应不大于 2/1000。

（3）搁机梁伸入墙体的深度必须达到 1/2 墙厚 +20mm 且不得小于 75mm。

（4）安装就位的曳引机，其曳引轮轮缘端面相对于水平面的垂直度不宜大于 4/1000。

（5）曳引轮与导向轮的绳槽错位度应不大于 1mm。

（6）限速器轮缘端面相对于水平面垂直度不宜大于 2/1000。

（7）张紧轮断绳开关动作后，张紧轮配重块最低部分离底坑地面还应有不小于 150mm 的距离。

二、作业安全

（1）核实机房吊钩额载，不得超载使用。

（2）检查起重搬移曳引机的设备，保证在安检使用期内。

（3）吊装曳引机时由专人指挥，机器起吊后下方不得站人或肢体伸入。

（4）曳引机未安装到位前，不要将起重工具撤掉，防止发生设备滑落和倾覆。

（5）曳引机的曳引轮、导向轮、限速器绳轮旋转部分须加盖防护罩。

（6）悬挂钢丝绳缠绕的曳引轮、导向轮均需加装钢丝绳防跳装置。

（7）机房若有台阶，则超过 0.5m 的应设置带扶手的爬梯或踏步（台阶），并设置护栏。

本章小结

机房设备定位布置都是依据井道层门定位及样板架放样尺寸的引入作为参照，本章提出了设备安装的质量控制要求，涉及不少应该确保的重要、关键尺寸，这关系到电梯的运行安全与质量，具有实际的指导意义。

承重梁埋入承重墙内属于隐蔽工程,除了按照工艺要求作业外,还应根据隐蔽工程的相关规定执行。

思考题

1. 可以通过什么途径将井道样板架放线基准引入机房？还有其他方法吗？

2. 曳引轮"翘头"安装是有利的吗？

3. 机架、隔振块、承重梁三部分之间是否必须采用刚性连接？

4. 电梯使用一段时间后限速器张紧轮断绳开关动作致使运行中的电梯发生急停,是什么原因？

5. 曳引轮与导向轮安装错位会发生什么情况？

■第四章　井道部件安装

本章的工艺实现,以井道搭设脚手架作固定作业平台为施工条件。

第一节　导轨安装

一、作业工具准备

导轨安装作业工具见表4-1。

表4-1　导轨安装作业工具表

序号	工具名称	规　格	单位	数量	用途
1	手拉链条葫芦	1.0t×6m	只	2	吊装导轨用
2	环型吊带	1.0t,环长不小于2m	根	2	
3	卸扣	Φ10mm	只	4	
4	电锤	22mm	把	1	开墙孔用
5	冲击钻	22mm	把	2	钻膨胀螺栓孔用
6	冲击钻	13mm	把	1	
7	固定扳手	14~17mm、16~18mm、17~19mm	把	各2	
8	梅花扳手	10mm、13mm、17mm、19mm	把	各2	
9	活动扳手	20.32cm(8英寸)、25.4cm(10英寸)、30.48cm(2英寸)	把	各1	
10	套筒扳手	5~33	套	1	
11	铁锤	0.91kg(2磅)、2.27kg(5磅)	把	各1	
12	刀口尺	400mm	把	1	校验导轨节头用
13	塞尺	0.02~1mm	套	1	
14	铝座钢皮角尺	300mm	把	1	测量施工直角用
15	磁性吸铁线坠	10m	只	2	校验导轨安装垂直度用
16	直尺型水平仪	300mm、1000mm	把	各1	校验支架水平度用
17	钢卷尺	5m	把	2	测导轨距用
18	钢直尺	500mm	把	2	校验导轨两侧工作面的扭折用
19	细刨锉	30.48cm(12英寸)	把	2	修导轨节头用
20	细砂布	400目	张	10	提高节头粗糙度用
21	砂轮切割机	400mm	台	1	切割导轨、支架、钢丝绳等用
22	便携式电焊机	30~300A	台	1	焊接用

二、导轨支架安装工艺

本章列出了四种典型的导轨支架安装工艺,针对不同的现场条件来具体描述支架的安装方式。至于一个井道是否只能采用单一形式支架并无规定,可视井道实际情况灵活掌握。下面将四种典型的导轨支架施工工艺按照 A、B、C、D 顺序进行展开。

1. 工艺流程 A 剪力墙井道以钻膨胀螺栓孔形式安装支架为例的施工流程,见表 4−2。

表 4−2 导轨支架安装工艺流程 A 表

	工艺流程	作 业 计 划
1	按土建图在井壁上标安装线	
2	井壁上钻孔作业	
3	导轨支架安装,并校水平	
4	导轨支架组粗调检验	

(1)井壁画线前先进行纸面作业。根据井道图纸的井道总高及支架档数,核实每档档距是否≤2.50m,然后核实每根导轨是否用两档支架固定及导轨接导板与支架是否发生干涉,若发生干涉,立即在图面上标注并调整档距,并在纸面上标注。以导轨垂线为参照,进行井道壁支架位置标记线作业。

(2)以标记线为准进行钻孔作业。先测量膨胀螺栓套管径及工作区段长度,选用同等直径的钻头以支架孔位为准进行钻孔,钻深为膨胀螺栓工作区段即膨胀套管连突出的倒锥头长度,以 2~5mm 为宜。钻孔时,钻杆与墙面呈 90°钻进,钻毕清理钻屑墙灰。

(3)安装导轨支架作业。塞入膨胀螺杆及膨胀套,套口与墙面平齐。导轨支架由固定架与活动架组成,膨胀螺杆对准固定架孔并穿入,放上大垫片及止退弹簧垫圈,拧上螺母初步紧固;校正固定架的水平度,水平度应 <0.5mm,见图 4−1。

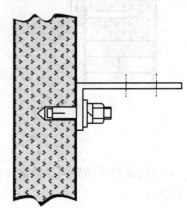

图 4−1 剪力墙井道钻膨胀螺栓孔
形式安装作业

(4)活动架与固定架组合。用螺栓将活动支架组装到固定架上,粗调活动架导轨安装面的垂直度与垂线的等距离。

(5)完成区段导轨支架安装。通过导轨垂线检查支架安装面的重合度、压导板孔中心基线的直线度,基本达标即可。

2. 工艺流程 B 圈梁井道以有/无预埋铁形式安装支架的施工流程,见表 4−3。

表 4−3 导轨支架安装工艺流程 B 表

	工艺流程	作 业 计 划
1	按井道图复核安装位置	
2	调整增补安装节点	
3	导轨支架校水平	
4	导轨支架组粗调检验	

（1）依据井道图纸，复核井道已经有预埋铁的每档支架间距是否满足≤2.50m，并且每根导轨是否由两档支架固定，核实井道焊接固定点与导轨接导板是否发生干涉，若发生干涉，干涉点应在井道立面上进行标注，并进行固定点的补充。

（2）圈梁为水泥浇筑，若无预埋铁的则按工艺流程 A 执行。为满足上述条件，若需补点的则可以采取工艺流程 A 钻膨胀螺栓孔或工艺流程 C 挖墙孔水泥现浇埋铁的方式。

（3）参照导轨吊线将支架副的固定架点焊到预埋铁上，进行固定架的水平校正。为防止焊接变形，可由点焊向段焊过渡，最后逐渐过渡到满焊，见图 4 - 2。

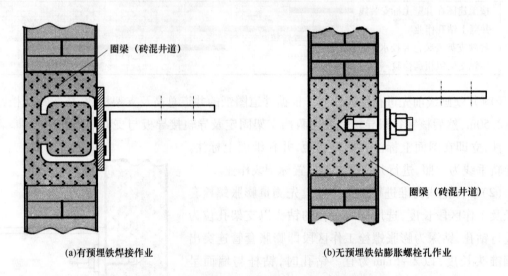

(a)有预埋铁焊接作业　　　　　　　　　　(b)无预埋铁钻膨胀螺栓孔作业

图 4 - 2　圈梁井道以有/无预埋铁形式安装作业

（4）将支架活动架用螺栓初步固定于固定架上，粗调活动支架导轨安装面的垂直度与吊线的等距离。

（5）完成区段导轨支架焊接安装。通过导轨吊线检查各档支架安装面的重合度、压导板孔中心基线的直线度，基本达标即可。

3. 工艺流程 C　砖混结构井道以现浇预埋形式安装支架的施工流程，见表 4 - 4。

表 4 - 4　导轨支架安装工艺流程 C 表

	工艺流程	作业计划
1	按井道图在井壁上画安装线	
2	井壁开掘预埋坑	
3	水泥现浇埋设铁板	
4	焊接导轨支架校水平	
5	导轨支架组粗调检验	

（1）按工艺流程 A 中同样的方法在井道壁上画出支架安装基线，并画出开掘预埋孔的方框，支架安装位置同样要避开导轨接导板。

（2）按方框画线进行开掘墙孔作业，开掘深度为 1/2 墙厚 + 20mm。例如，墙厚 240mm，则开掘深度为 120mm + 20mm = 140mm, 开掘深度不能小于 120mm, 里大口小。

(3)将带"开脚"的预埋铁板埋入预埋孔或直接将支架埋入预埋孔。预埋孔先用水湿润, 再将配比为 1:2 的 400# 水泥砂浆缓缓灌入预埋孔中, 灌满为止, 并采取防砂浆流失措施, 见图 4-3 (预埋作业属隐蔽工程, 要记入隐蔽工程记录表, 备查)。

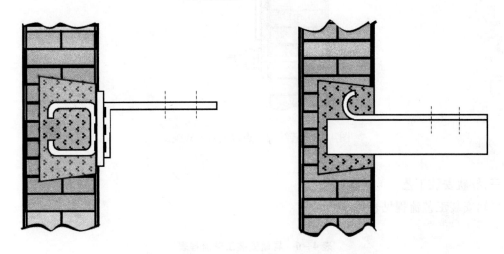

图 4-3 砖混结构井道以现浇预埋形式安装作业

(4)静待养护期后撤除封板, 可进入后续施工。

(5)若采用预埋铁板, 则后续施工可将导轨支架直接焊接上去。

(6)若采用直接预埋支架, 则要保证其水平度, 养护期后再安装活动架。

(7)活动架垂直安装面的直线度、垂直度, 基本达标即可。

4.工艺流程 D 砖结构井道以夹板形式安装支架的施工流程, 见表 4-5。

表 4-5 导轨支架安装工艺流程 D 表

	工艺流程	作业计划
1	按技术图在井壁上初画安装线	
2	按夹板孔位位置钻透井壁	
3	用长螺杆紧固内外铁板	
4	焊接导轨支架校水平	
5	导轨支架组粗调检验	

(1)在砖墙型的井道内画出支架安装基线。应控制支架档距 ≤2.50m, 每根导轨由两档支架支撑, 支架安装位置与导轨接导板不发生干涉。

(2)以支架安装分布基线及夹板孔位为基准, 对墙进行钻孔, 钻透为止。

(3)用双头螺杆上的内、外侧铁板夹裹墙体并固定起来, 井道内侧铁板则成为支架的焊接平台, 见图 4-4。

(4)施工结束后, 内、外侧铁板均需刷二度防锈漆及三度面漆, 作防锈处理。

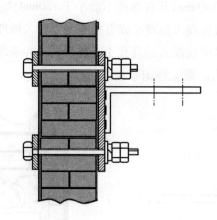

图4-4　砖结构井道以夹板形式施工

三、导轨安装工艺

导轨安装工艺流程见表4-6。

表4-6　导轨安装工艺流程表

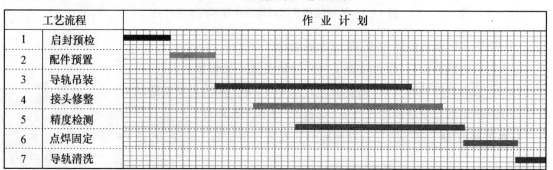

	工艺流程	作 业 计 划
1	启封预检	
2	配件预置	
3	导轨吊装	
4	接头修整	
5	精度检测	
6	点焊固定	
7	导轨清洗	

1. 导轨启封　启封后需进行预检,剔除明显扭曲、变形超标的导轨。

2. 配件预置　若导轨有积油盘或底脚的,先将接油盘或导轨底脚预置件放入底坑,并完成底坑导轨与预置件的配装,见图4-5。

3. 导轨吊装　其方法见图4-6。导轨凸榫向上并已配装接导板。利用导轨支架作起吊点,依次吊装上一节导轨,用接导螺栓与下节导轨连接起来,稍微

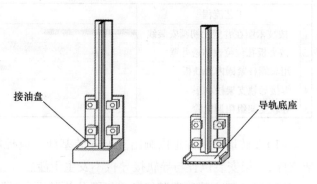

图4-5　导轨底脚预置件

带紧螺栓,就位后初步拧上压导板,立即检查上节导轨与下节导轨接头处连续缝隙,缝隙不应大于0.5mm(轿厢及设安全钳的对重导轨),不设安全钳的对重导轨为≤1.0mm;若超标则需对榫

头及接合面进行修磨,见图4-7。

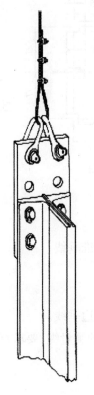 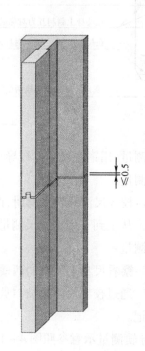

图4-6 导轨吊装作业 图4-7 导轨对接部缝隙

4.导轨接头修整(图4-8)

(1)用精度为0.01/300刀口尺加塞尺检查导轨接头处台阶。

(2)若接头处台阶超标即大于0.05mm时,则用导轨修磨工具进行修磨,修磨段长度为:

梯速在2.5m/s以上　　修磨段长度≥300mm;

梯速在2.5m/s以下　　修磨段长度≥200mm。

(3)修磨部位表面粗糙度:

冷拔级A导轨　　修磨部位表面粗糙度≤Ra 6.3μm;

机加工B导轨　　修磨部位表面粗糙度≤Ra 3.2μm;

精加工BE导轨　　修磨部位表面粗糙度≤Ra 1.6μm。

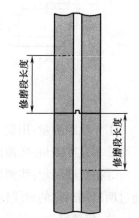

5.精度检测

首对导轨竖装后,立即检查新装导轨与导轨平行度、垂直度及预设的等距离尺寸,并复核与门线的坐标距离,出现偏差立即校正,校正完成,拧紧支架螺栓及压导螺栓。

图4-8 导轨修磨段长度

(1)轿厢导轨测量示意参照图4-9。

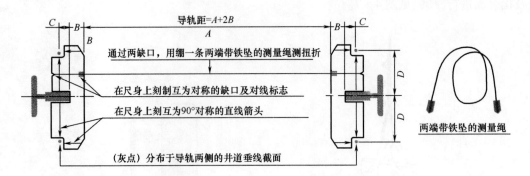

图4-9　轿厢导轨测量示意图

①导轨距测量:用钢直尺测出校导尺两端距后再加2B。

②垂直度测量:

a.目测法。校导尺沿导轨滑移时,两边纵向箭头始终对准垂线。

b.实测法。从上到下用钢直尺测量D值,上下应一致。

③扭折度测量:

a.目测法。察看尺身上刻制的两横向箭头,要求对准两边垂线。

b.线测法。通过校导尺两边缺口放下一条两端带铁坠的测量绳,要求直线分别通过两尺端刻制的对线标记。

(2)对重导轨测量示意参照图4-10。

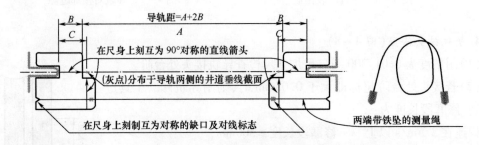

图4-10　对重导轨测量示意图

①导轨距测量:用钢直尺测出校导尺两端距后再加2B。

②垂直度测量:实测法,从上到下用钢直尺测量C值,上下应一致。

③扭折度测量:线测法,通过校导尺两边缺口放下一条两端带铁坠的测量绳,要求直线分别通过两尺端刻制的对线标记。

注:校导尺为自制工具,其中尺寸B、C、D的确定根据施工人员的放线习惯而定,不规定某个值。

6.点焊固定　导轨安装完工,经复核达标后,需对下列各连接点进行点焊固定。

(1)膨胀螺栓的固定。需对螺母与螺栓、螺母与垫圈处进行点焊。

(2)支架的固定。需对固定架与活动架、紧固的螺母与螺栓及螺母与垫圈处进行点焊。

（3）点焊完成后，对支架及点焊点全部进行清除焊渣处理，并复漆防锈。

7. 导轨清洗 导轨清洗可以在动车之前进行。此时电梯安装基本已完成，井道内不需钻孔、焊接作业。可用柴油对导轨进行清洗，并用干布抹净导轨。

四、导轨安装质量控制

（1）全程复核测量导轨的垂直度，允差 ≤1.2mm。

（2）全程复核测量导轨的扭折度，允差 ≤0.5mm。

（3）全程复核测量导轨的直线度，允差 ≤1mm。

（4）复核测量导轨距：轿厢导轨距允差 0 ~ 2mm、对重导轨距允差 0 ~ 3mm。

（5）上、下节导轨接头处连续缝隙：设安全钳的对重导轨应 ≤0.5mm、不设安全钳的对重导轨应 ≤1.0mm。

（6）导轨工作面接头处台阶：设安全钳的应 ≤0.05mm、不设安全钳的应 ≤0.15mm。

（7）复核导轨支架的档距：应 ≤2.50m。

（8）导轨上端部至井道顶部的距离与图纸设计参数相符。

（9）端层最后一节导轨应有两档支架支撑。

五、作业安全

1. 井道导轨安装高空作业安全风险

（1）施工人员高空坠落。其对应预防措施为：人员进入施工现场必须戴符合规定的安全帽、穿工作服、身绑保险带，使用带防脱装置的挂钩，见图4-11。或在井道内悬挂生命线，使用带止回锁的全身保险带，止回锁系挂于生命线上，便于施工人员上下移动施工。

（2）高空坠物伤人。其对应预防措施为：设有完善的隔离措施，严禁井道内立体施工。井道内严禁抛掷工具或物料。机房通向井道的开口应加盖遮挡板。

（3）脚手架踏板断裂或坍塌。其对应预防措施为：脚手架按技术规程搭设，并经检验合格。踏板必须满铺并与脚手架绑扎牢固，满足预设的承重要求，不得将脚手架用作承重平台及超载使用。

（4）起吊物晃荡撞击伤害。其对应预防措施为：吊装现场必须听从专人指挥，无关人员不得靠近，并采取周边阻行措施。

图4-11 劳防保护装备

2. 起重吊装作业安全风险

（1）重物脱钩坠物伤人。其对应预防措施为：吊装用吊钩，必须带弹性防脱板结构。此外，吊装时人的站位不得处于重物下方，见图4-12和图4-13。

（2）吊装不当伤及肢体。安全帽、硬头工作鞋、手套穿戴齐全,吊物时注意吊物重心及扶挡位置。

（3）吊具损坏造成伤害。定期对吊具、索具进行安全检查,并做好检查记录,定期更新吊具、索具。

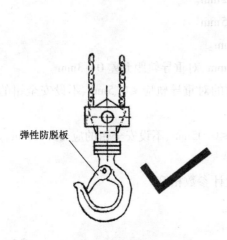 

弹性防脱板

图4-12　带弹性防脱板的吊钩　　　　图4-13　人不得处于重物下方

3.电气工具作业时的安全风险

（1）冲击钻施工时扭力伤害。其应对预防措施为:使用冲击钻、电锤,握柄的方法应可靠,开、关掌控要灵敏,一旦钻进过程碰到钢筋等异物钻杆卡住,要迅速关断电源,防止发生扭力伤害。

（2）用电器触电伤害。其应对预防措施为:定期对在用电器进行电气绝缘安全检查,做好检查记录。焊接施工要戴帆布手套,不得裸手直接接触焊把电线(次回路电压将近65~70V)。电气施工必须穿电工鞋。

（3）间接伤害。其应对预防措施为:电焊施工须佩戴防护面具及墨镜,防止弧光灼伤眼睛。钻墙孔时佩戴防灰沙护镜,防止灰沙伤及眼睛,见图4-14。

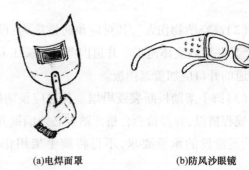

(a)电焊面罩　　　　(b)防风沙眼镜

图4-14　眼睛防护工具

4.氧、乙焰焊接焊割的安全作业风险

（1）烧伤风险。其应对预防措施为:持证操作,佩戴规定的劳防用品,并按氧、乙焰施工操作规范作业。

（2）火灾风险。其应对预防措施为:易燃物堆放环境不施工。施工现场配备相应的灭火器材。施工后人离开现场必须彻底熄灭施工中留下的焊渣暗火。

（3）爆炸风险。其应对预防措施为：控制氧、乙炔钢瓶的安全距离保持在5m以上。焰枪经常检查、表具定时送检，防止泄漏，以免氧、乙炔气体混合产生爆炸危险。

第二节 轿厢拼装

一、作业工具准备

轿厢拼装作业工具见表4-7。

表4-7 轿厢拼装作业工具列表

序号	工具名称	规格	单位	数量	用途
1	手拉链条葫芦	2.0t	只	1	吊装轿架轿厢用
2	环型吊带	1.0t 环长不小于6m	根	2	
3	环型吊带	1.0t 环长不小于3m	根	2	
4	卸扣	ϕ16mm	只	4	挂链条葫芦、轿架悬挂保护用
5	钢丝绳	13mm×10m	根	1	
6	钢丝绳夹头	12mm	只	4	
7	固定扳手	38~41mm、41~46mm	把	各2	

注 前节已列工具可借用，本表不重复罗列。

二、轿厢拼装工艺流程

以顶层拼装为例，轿厢拼装工艺流程见表4-8。

表4-8 轿厢拼装工艺流程表

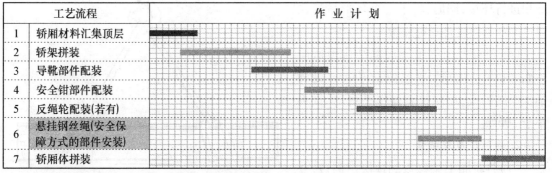

	工艺流程	作业计划
1	轿厢材料汇集顶层	
2	轿架拼装	
3	导靴部件配装	
4	安全钳部件配装	
5	反绳轮配装(若有)	
6	悬挂钢丝绳(安全保障方式的部件安装)	
7	轿厢体拼装	

注 待曳引机、限速器、对重、曳引绳安装完成后，将轿架与对重连接起来，再挂上限速绳，开始组装整体轿厢。

1.轿厢材料汇集顶层 将轿厢零部件全部吊运至最高层，并确定起重吊挂支点。

（1）在机房选择吊挂支点(无机房可利用预埋吊环作吊挂点)，见图4-15。

①A为机房顶部的吊钩，作承重起吊支点(负荷参考设计要求)，用环形吊带或钢丝绳穿

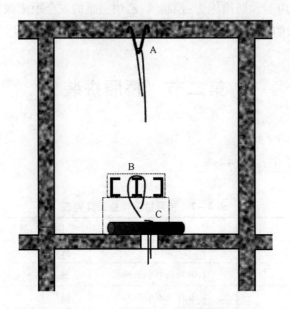

图 4 - 15　吊挂支点选择

A—机房吊钩　B—机房搁机梁　C—钢管或木方

过,作环接处理,通过楼板开口引入井道,再挂上手拉葫芦用作安装起重工具。

②B 为机房预装的搁机梁,作承重起吊支点,后续方法同①。

③C 为在机房开口处横一强度足够的粗铁管或木方作承重起吊支点,后续方法同①。

(2)若选 13mm 钢丝绳通过吊挂点穿挂,钢丝绳环接时用不少于 4 只钢丝绳夹头夹紧。

(3)若用环形吊带穿越吊挂点后可用卸扣进行环接,同时,将下一个环形吊带也通过卸扣连接延伸通过楼板。

(4)顶层井道脚手架局部结构须适应轿厢架拼装。离顶层平层位置 300mm 处满铺加厚踏脚板,用作拼装操作平台,承重不小于 300kg。

2. 轿架起吊及拼装

(1)将轿厢上梁移近到顶层门洞口,并将不小于 6m 的两根环型吊带捆扎于上梁两头,手拉葫芦吊钩挂住两边环型吊带开始起吊,并使上梁保持水平,见图 4 - 16。

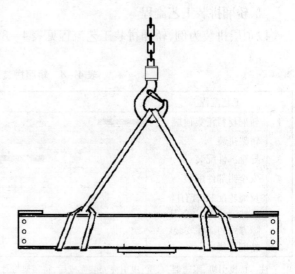

图 4 - 16　起吊上梁作业

(2)分别将轿架的两边直梁移入井道,用螺栓与上梁连接起来,两边直梁连接后(螺栓暂不拧紧)用手拉葫芦将框架提升到有利于下梁拼装的位置。

(3)将下梁移入井道,用螺栓与直梁连接起来,形成轿架框,并将轿架框提升到设计的轿厢顶层平层位置,此时拼装完成的轿架框重量由原吊住上梁的两边环型吊带、手拉葫芦及钢丝绳承重。

(4)将轿厢托架连接到下梁上,把斜拉条与直梁、托架梁连接起来,调节拉条螺母,校正轿厢托架平面的水平度,水平度应小于1mm。然后将斜拉条螺栓用双螺母锁紧。所有拼装轿架框的螺栓可初步紧固,见图4-17。

(5)轿架拼装结束,此时整个轿架的重量仍由吊带、手拉葫芦承重,不得撤除吊载,严禁将顶层脚手架用作轿架的承重平台。

3.导靴部件配装

(1)滑动导靴安装。

①先将左右上导靴安装到轿架上端,并插进安装螺栓,将垫圈、止退垫圈及螺母轻轻拧上。

②若下导靴安装位置在安全钳支架叠加下方的,则要先安装安全钳再装下导靴。

③若已为安全钳配置了箱架,且下导靴位置在箱架内,则需先安装箱架,再安装左右下导靴。

④当导靴滑进导轨对照装配孔时,若发现靴座孔位与安装孔偏离,假想导靴就位后上下两导靴的连线也不可能在同一平面内,则将产生 α 扭交角,见图4-18。

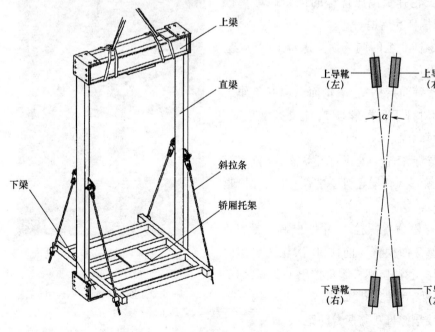

图4-17 轿架(俗称龙门架)拼装　　　　　图4-18 导靴连线扭交

⑤扭交现象是由轿架加工误差或变形引起的,需通过对轿架相关拼装螺栓紧、松调节或加减垫片进行调整,直到 α 扭交角消失,导靴安装孔与轿架安装孔重合。然后再轻轻插入螺栓紧固导靴即可,此时可拧紧轿架装配的所有螺栓、螺母。α 扭交角未消失前,不得以强力撬入插进

螺栓安装导靴。

（2）滚轮导靴安装。滚轮导靴有多种样式，结构基本类同，本文仅对其中一种作介绍。

轿厢滚轮导靴示意图见图4-19和图4-20。

图4-19 轿厢滚轮导靴示意图

①如轿厢滚轮导靴滚轮均可浮动，则：未安装前，先将滚轮导靴三轮顶置螺栓1拧松。

②再将三轮弹簧调压螺杆的锁紧螺母4拧松，弹簧调压螺杆5后退。

③静止螺杆8上的调节锁紧螺母10和胶垫螺母9一起松开。

④滚轮摆臂向后摆动，滚轮面已离开工作区域，此时可暂时拧下顶置螺栓1，顶紧摆臂顶端，使摆臂3被暂时固定不能前倾。

⑤滚轮导靴滚轮2处于打开状态，导靴底架12可卡进导轨移入轿架导靴安装位，穿入螺栓紧固导靴座。

⑥然后拧松顶置螺栓1，并拧出调压螺杆5顶紧压紧弹簧7使摆臂3前摆，使滚轮2工作面接触导轨工作面；调压螺杆5再拧出1/2圈，加了顶面预紧力，然后拧紧锁紧螺母4。

⑦调整胶垫螺母9与摆臂间距：

a. 阻止摆臂前倾方向的胶垫螺母9旋至垫圈平面与摆臂剩1mm时停止拧进，接着将调节锁紧螺母4与胶垫螺母9并紧。

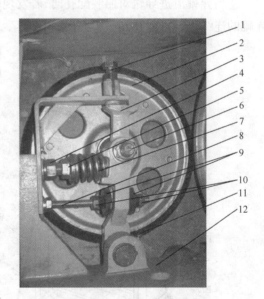

图4-20 滚轮导靴结构图

1—顶置螺栓 2—滚轮 3—滚轮摆臂

4—锁紧螺母 5—调压螺杆 6—轮轴油嘴

7—压紧弹簧 8—静止螺杆 9—胶垫螺母

10—调节锁紧螺母 11—摆臂轴油嘴

12—导靴底架

b. 摆臂后倾方向的胶垫螺母9旋至垫圈平面与摆臂还剩1mm时，也将调节锁紧螺母4与胶垫螺母9并紧，也就是说滚轮2有±1mm的浮动间距。

⑧防止轿厢运动顶置螺栓 1 松脱影响摆臂的正常浮动,顶置螺栓 1 退出后必须将顶置螺栓的锁紧螺母拧紧。

⑨端面滚轮用同样方法调整(预压紧也可参考安装说明),调整好的滚轮 2 用手盘动,感觉有阻滞感即可,阻滞感应基本一致。

对重滚轮导靴见图 4 - 21 和图 4 - 22。

图 4 - 21　对重滚轮导靴示意图

图 4 - 22　对重滚轮导靴结构图

1—工作面滚轮　2—轨顶面滚轮　3—滚轮摆臂

4—压紧弹簧　5—调压螺母　6—静止螺杆

①如对重滚轮导靴两侧工作滚轮是不浮动的,顶面滚轮有浮动间隙,则:未安装前将两侧固定滚轮的螺母拧松,沿腰形槽拉开距离,使两侧滚轮离开工作区域。

②拧松静止螺杆上的调节螺母 5,压紧弹簧 4 随之后退,滚轮摆臂 3 后摆,使轨顶面滚轮 2 也退出工作区域。

③三轮调离工作区域后可以将滚轮导靴底架安装到对重架的导靴安装位置,穿入螺栓紧固导靴座。

④导轨两侧工作面上的滚轮可以沿腰孔槽将轮子推上去贴紧导轨工作面,两面用力均衡,然后分别将滚轮的固定螺母拧紧。

⑤拧进静止螺杆上的调节螺母 5,压紧弹簧 4 随之前进,滚轮摆臂 3 前倾,使轨顶面滚轮面与导轨顶面接触,再旋进 1/2 圈,使轮面对导轨顶面施加不大的预紧力。

⑥对重滚轮导靴安装调整与轿厢侧是有区别的,轿厢侧因载人的缘故调得偏“软”,留有浮动空间;对重侧仅考虑力平衡,“硬”些也无妨,但也要保证对重滚轮摆臂有有限的摆动空间。

注意:滑动导靴油杯不能忘记加油,否则将会造成导靴靴衬与导轨“干摩擦”降低靴衬使用寿命。

4. 安全钳部件配装

(1)安全钳就位后装配螺栓未穿入前,可以将夹紧装置提起来,“咬”住导轨,检查安全钳安装孔与轿架的安装孔是否对准,间接查证轿架加工及装配的偏差。

(2)如果确认是加工问题造成孔距误差,则视实际情况修正轿架安装孔。

(3)箱架型安全钳安装因导靴安装在先,两边安全钳安装时安装孔位若有小偏差,则可放松原先固定导靴的螺栓,要求安全钳安装螺栓无干涉地插入,同时导靴安装螺栓重新紧固后安全钳不会偏离"中心"位置。

(4)提拉装置安装。安全钳提拉杆与夹紧机构连接,可调节安全钳夹紧装置上面的调节螺杆螺母,即可控制安全钳夹紧装置与导轨间隙。调节的目的是使两边的安全钳钳块与导轨工作面间隙相等、动作同步、对称。提拉机构动作后,可用塞尺对钳块与导轨间隙进行检测。

(5)为保证电梯安装过程安全与稳定,需在安全钳夹紧装置与导轨接触面之间衬入厚度一致的薄铁皮(厚度1mm左右,为保护导轨表面不被划伤),并提起安全钳钳口装置,使轿架制停在导轨上。

5. 反绳轮配装(用于2:1曳引方式)

(1)出厂已组装好的反绳轮和反绳轮架,则按装配图要求安装至轿顶或轿底。

(2)若轮、架是分离的,则按装配图要求将反绳轮支架安装至轿顶或轿底,然后将反绳轮安装到轮架内。

(3)反绳轮装配并悬挂钢丝绳后,必须将防跳装置和防护罩(盖)装上。

6. 悬挂钢丝绳 通过悬挂曳引钢丝绳使轿厢架与对重架先建立连接,使两者重量转移至曳引钢丝绳上,同时预装限速器、安全钳及提拉机构,挂上限速钢丝绳,此为后续轿厢体拼装提供安全保障,完全杜绝了轿厢体拼装时发生轿厢坠落的风险。

7. 轿厢体拼装

(1)先将轿厢减震部件安装至轿厢托架上(如弹性材料、称量装置橡胶等)。

(2)将轿底侧立竖起,并移入层门处,选定吊挂点用两根各承载1.0t环形吊带作吊环,使用手拉葫芦起吊轿底,吊移至安装位置,转放轿底,让轿底缓缓地下移坐到减震部件上,使轿底下的安装孔套进减震部件支架螺栓,即可用螺母锁定轿底,见图4-23。

(3)要求轿底的水平度达到≤3/1000,可通过在减震部件支架螺栓上加、减开口垫片来调节轿底的水平度。

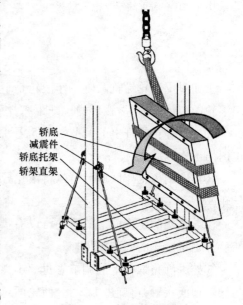

轿底减震件
轿底托架
轿架直架

图4-23 轿底吊装作业

(4)安装轿厢踢脚围板。用螺栓将围板与轿底连接(若有)。

(5)安装轿厢壁板(含门眉板)。从轿厢板转角开始,先将转角的后壁板与侧壁板在轿外组合,再放入轿底踢脚围板上(无踢脚围板的可直接在轿底上安装),并穿入螺栓,待轿壁板全部安装到位后,底、侧壁螺栓全部穿入,拧上螺母,但暂不拧紧。

(6)轿顶板及顶部其他部件安装。轿顶板移到轿厢壁板上方后进行初步定位,先对准安装孔并穿入所有连接孔螺栓,配合无异常后,方可拧紧轿厢组装所用的所有螺栓。

(7)在轿顶规定的位置安装厢体摆动限制组合件(因各厂设计有异,可按供方提供的图纸要求施工)。阻止厢体前后摆动,但不应妨碍厢体上、下微动,以免影响称量装置所需行程。

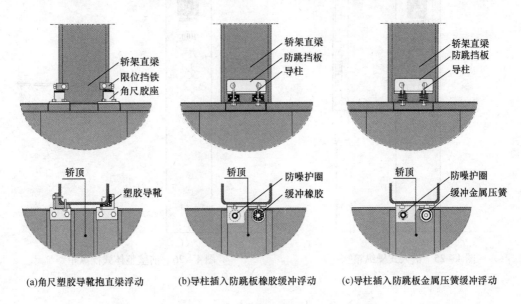

(a)角尺塑胶导靴抱直梁浮动　　(b)导柱插入防跳板橡胶缓冲浮动　　(c)导柱插入防跳板金属压簧缓冲浮动

图 4-24　轿厢防跳装置示意图

图 4-24(a)是一种较常用且简单的防跳装置。轿厢无负载时,角尺胶座与限位挡铁靠近,当有负载时轿厢下沉,角尺塑胶导靴沿直梁下滑,因是对称安装,并控制 1~1.5mm 的间隙,轿顶与轿架前后、左右只有 1~1.5mm 的摆动,所以不影响轿厢称量所需上、下浮动空间。

图 4-24(b)、(c)结构大体相近,动作原理也基本相同,都是以导柱穿过防跳挡板孔来实现轿厢上、下浮动的,只是缓冲部分一个采用橡胶,另一个采用金属压簧。需要注意的是:导柱穿过的孔应安装防噪护圈(塑料件),使导柱工作时不会发出摩擦噪声;同时要注意导柱高度,导柱高度要足够保证称量橡胶压并后的压缩量,以防导柱脱离。

(8)轿顶护脚围板及护栏安装。先安装轿顶周边 0.10m 高的护脚围板,用螺栓紧固,再安装扶手栏杆(因各厂设计有异,可按供方提供的图纸要求进行施工)。

(9)轿内操纵箱安装。操纵箱有多种形式,嵌入式、前壁整体式、挂装式(残障人用),见图 4-25~图 4-27。各电梯厂产品不一致,可按供方提供的安装作业指导资料或图纸要求施工。

(10)轿厢其他部件安装。

①撞弓安装。按供方提供的图纸要求安装。

②轿厢扶手(若有)安装。扶手有多种样式,可按供方提供的图纸要求安装。

③轿厢装潢吊顶安装。多种样式,可按供方提供的图纸要求安装。

④轿顶风扇、轿内照明安装。可按供方提供的图纸要求安装。

⑤轿厢组装完成,拧紧所有应该紧固的螺栓、螺母。

注意:未移交用户前,所有壁板外部保护膜不得撕去,壁板表面应谨慎保护。

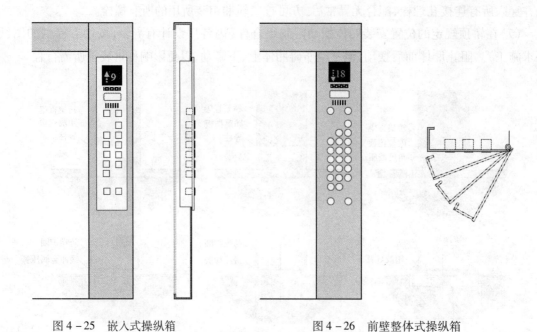

图 4 - 25　嵌入式操纵箱　　　　　　　　图 4 - 26　前壁整体式操纵箱

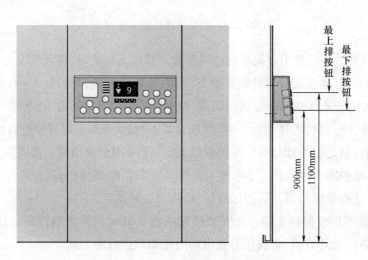

图 4 - 27　挂装式(残障人用)操纵箱

三、轿厢拼装质量控制

(1)上、下梁水平度小于 1/1000。

(2)拼装后轿底板平面 x、y 向水平度 ≤3/1000。

(3)手动安全钳提拉机构提起制动楔块,用塞尺测量楔块面与导轨间隙差,应≤0.2mm。

(4)撞弓安装后其垂直度允差≤2mm。

(5)曳引轮、导向轮、反绳轮轮缘端面相对水平面的垂直度在空载或满载工况下≤4/1000。

四、作业安全

略,参考本章第一节中的"五"、作业安全。

第三节 门机及轿门安装

一、门机安装工艺流程

门机安装工艺流程见表4-9。

表4-9 门机安装工艺流程

	工艺流程	作业计划
1	门机支架安装	
2	轿门地坎安装	
3	轿门板挂装	
4	轿门板校正	
5	门机附加件安装及调整	

1. 门机支架安装

(1)门机上坎架的支架安装平台各厂设计不一,有以轿厢架直梁为安装基点的,也有以轿顶为安装基点的,所以应按供方提供的安装手册要求施工,见图4-28和图4-29。

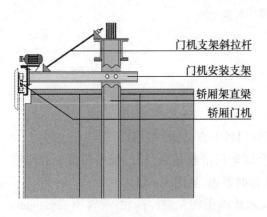

图4-28 以轿厢架直梁为安装基点的
门机上坎架安装示意图

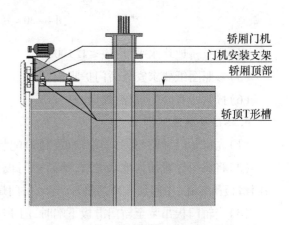

图4-29 以轿顶为安装基点的门机
上坎架安装示意图

(2)门机支架安装后,需调整支架水平度及安装面的垂直度,水平度应≤1/1000,安装面垂直度应≤1/500(或参照制造商企业标准)。

(3)将门机上坎架安装到门机支架上,用螺栓初步固定,测量门滑板运行的水平度,可用垫片校正轨道水平度,水平度应≤1/1000(或参照制造商提供的安装手册)。

(4)校核门机上坎架中心(或开门宽)与层门铅垂线重合后,拧紧所有装配螺栓、螺母。

2. 轿门地坎安装

(1)轿门地坎托架用螺栓连接到轿厢地坎安装位置,可参照图纸施工。

(2)将轿门地坎支架用螺栓固定到轿底前壁上,地坎托架置于其上,螺栓穿过托架安装孔与支架连接。

(3)将轿地坎置于托架之上,然后将预先已放置于地坎 T 形槽中的六角螺栓插入托架安装孔中,拧上螺母初步固定轿门地坎,见图 4-30。

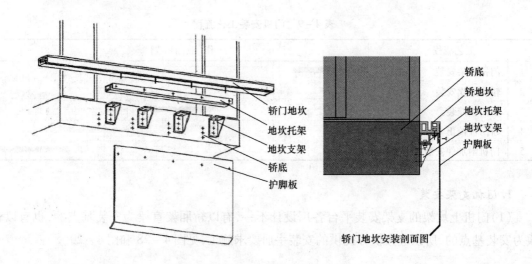

图 4-30 轿门地坎安装

(4)测量轿地坎水平度,应≤1/1000。

(5)参照图纸要求安装轿门护脚板。

(6)拧紧所有装配螺栓、螺母。

3. 轿门板挂装

(1)先将轿门导靴(俗称门滑块或门脚)配装到轿门板下方,见图 4-31。

(2)将轿门导靴插入地坎滑槽,抬高轿门板与上坎架门滑板接触,轿门板吊门螺栓孔对准轿门滑板吊装孔,中间加入轿门垫片,穿入吊门螺栓暂时紧固,见图 4-32。

(3)当轿门板吊装至轿门滑板下端时,门下方与地坎面距离 h 应控制在:乘客电梯≤6mm,载货电梯≤8mm。

可适当调整上坎架安装高度,使其有调整余地或按照图纸要求进行调整。

4. 轿门板位置校正

(1)门关闭后要求正面门缝上、下间隙一致,通过吊门螺栓或加、减垫片方法调节门边缝隙,缝隙应≤0.5mm。

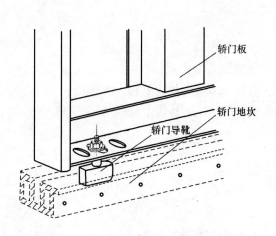
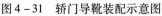

图4-31 轿门导靴装配示意图

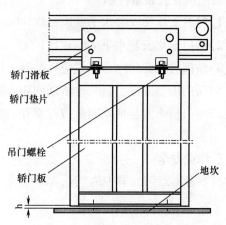

图4-32 轿门板挂装示意图

（2）轿门板吊挂后，要求门下方高低一致，通过调节吊门螺栓或调整加、减垫片方法使门下方对齐。

（3）通过对轿门板吊门腰孔及轿门导靴进出来调节层门板的进出，控制轿门板与立柱、门楣的间隙，乘客电梯应 ≤6mm，见图4-33；载货电梯应≤8mm。

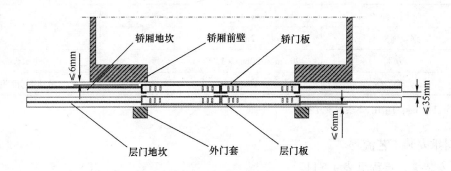

图4-33 层门地坎与轿门地坎间隙（乘客电梯）

（4）满足以上安装条件，方可拧紧所有安装螺栓。

注意：未移交用户前，所有壁板外部保护膜不得撕去，壁板表面应谨慎保护。

5.门机附加件安装及调整

（1）门光幕或门安全触板安装，按安装手册要求施工。

（2）捆扎光幕或触板电缆，电缆在门开关中能随行但不能与电梯其他部件相刮擦。

（3）按安装手册要求调整门机驱动同步带张紧度。

（4）调整开门到位和关门到位的限位装置。

（5）清除地坎滑槽中影响轿门运行的杂物与垃圾。

二、门机安装质量控制

(1)门机上坎架安装水平度应≤1/1000。

(2)轿门地坎安装水平度应≤1/1000。

(3)轿门板正面门闭合误差应≤0.3mm(或参照制造商企业标准)。

(4)轿门板与立柱、门楣、地坎间间距:乘客电梯 ≤6mm,载货电梯 ≤8mm。

(5)轿门板下方与地坎间隙应控制在:乘客电梯 ≤6mm,载货电梯 ≤8mm。

三、作业安全

略,参考本章第一节中的"五、作业安全"。

第四节 对重安装

一、作业工具准备

对重安装作业工具见表4-10。

表4-10 对重安装作业工具列表

序号	工具名称	规格	单位	数量	用途
1	钢丝绳	13mm×10m	根	1	挂链条葫芦用
2	钢丝绳夹头	12mm	只	6	
3	方木	120mm×120mm×1500mm	段	2	或多块木板叠加
4	弹簧吊秤	10kg	只	1	做动平衡时用

注 前节已列工具可借用,本表不重复罗列。

二、对重安装工艺流程

对重安装工艺流程见表4-11。

表4-11 对重安装作业工艺流程表

	工艺流程	作 业 计 划
1	对重框移入就位	
2	框架就位导靴配装	
3	反绳轮、安全钳配装*	
4	加装对重铁	
5	安装对重防护网	

* 若配置中无反绳轮、安全钳则无此工序。

1. 对重框移入就位

(1)在离底坑地5~6m处选一对对重导轨支架为起吊支点,将13mm钢丝绳两头分别环结在对重导轨两边的支架上,每一环结至少用3只钢丝绳夹头夹紧,将手拉葫芦通过卸扣与钢丝绳环连接起来,并放下葫芦吊钩。

（2）将对重框移入井道,用承载力为2.0t的环形吊带环绕在对重架上部,用手拉葫芦吊钩钩住短吊带,起吊对重框移至并竖直于两列对重导轨之间,见图4-34。

2. 对重导靴安装

（1）先将单边的两只导靴固定到对重框上,然后将对重框移到单边导轨并插进两导靴,将另一边上、下两导靴插入导轨位,并移到与对重架安装孔对应的位置,用螺栓将导靴固定在对重框上。

（2）3只导靴落入对重导轨安装孔定位可能较顺利,第4只导靴落入对重导轨时若对位出现安装孔错位,则不得强行用力撬入,须检查是孔加工问题还是对重框变形问题,一般采用安装孔修正的方法进行处理。

（3）导靴安装完成后,将对重框提起使对重框撞铁离缓冲器撞面300～350mm的高度,用两根方木（>100mm×100mm）将对重框支起,方木底下各放一块15～20mm的小木板,防止打滑。必须待轿厢体完全拼装完成后方可撤除支撑方木,见图4-35。

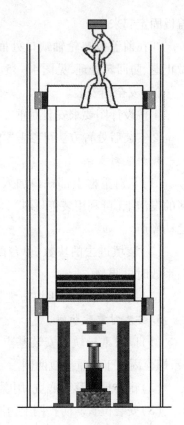

图4-34 对重框起吊就位图

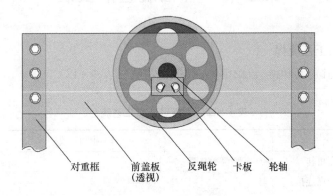

对重框　　前盖板　　反绳轮　卡板　轮轴
　　　　　（透视）

图4-35 反绳轮组装示意图

（4）对重框已安装导靴并入轨,下有方木支撑,原吊装工具可以撤除。

3. 对重反绳轮、安全钳的安装（若有）

（1）反绳轮安装。

①卸下对重框上部前盖板。

②将对重反绳轮吊入安装位置,轮轴穿入后盖板的轴孔,前盖板孔套入轮轴,并用螺栓将前

盖板固定起来。

③在前盖板与轮轴缺口处嵌装一卡板,用螺栓固定,做止退、防回转处理,见图4-35。

(2)安全钳安装。

①按设计图要求安装对重安全钳。

②安装后处置方法可参考"本章第二节二、4条"。

4.加装对重块

(1)从对重框上部缺口加入对重块,每块之间可以垫薄的发泡纸(可利用装箱材料),电梯运行时可减轻对重架运动噪声。

(2)装填进去的块数:单台配置量减去2~3块,做平衡系数时再调整。

(3)按要求装上对重块防跳装置。

5.安装对重防护网

(1)以对重导轨为安装基点,将对重防护网支架用压板、螺栓固定于对重导轨两侧。

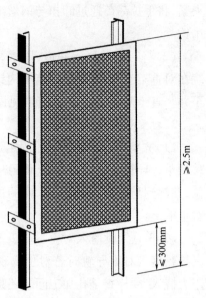

图4-36 对重防护网安装示意图

(2)将防护网移入底坑,用螺栓与支架连接起来。

(3)安装位置。防护网上边至少移升到2.5m高,网下空档不高于300mm,见图4-36。

第五节 补偿装置的安装

一、补偿链安装工艺流程

补偿链(含穿绳链、套塑链、包胶链)安装工艺流程见表4-12。

表4-12 补偿链安装工艺流程

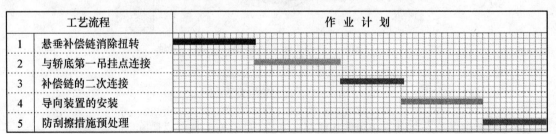

	工艺流程	作业计划
1	悬垂补偿链消除扭转	
2	与轿底第一吊挂点连接	
3	补偿链的二次连接	
4	导向装置的安装	
5	防刮擦措施预处理	

1.悬垂补偿链,消除链条扭转 先将补偿链用U形螺栓连接到对重架下端的吊挂点上,然后将对重位移到顶层最高点上。悬垂链条在重力作用下逐渐恢复至直线状态,在端头作方向标记。

2.与轿底第一吊挂点连接 轿厢已处于最下层平层位置,认准补偿链直线标记,用U形螺栓连接到轿厢架下端第一吊挂点上,保证满足以下两个条件:

（1）吊挂点满足链条的曲率半径（或按图纸要求施工）。

（2）用棒状物力压链条弯曲底端，补偿链最底端离底坑地面距离保证≥100mm，见图4-37。

3. 补偿链的二次连接　轿底及对重第一吊挂点，除保证链条曲率半径的工作吊挂点外，应设定另一个吊挂点，即将链条的余下段（长度500~600mm）及端头连接到第二吊挂点上，目的是避免非正常状况发生链条拉脱危险，见图4-38。

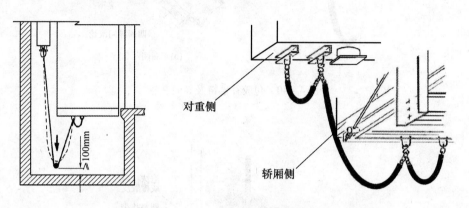

图4-37　补偿链离底坑地面距离　　　　图4-38　补偿链二次连接示意图

另一种做法为：用短钢丝绳穿过链条吊挂点前 n 节的链条孔，再将钢丝绳穿过轿底、对重结构点，用2~3个钢丝夹头将钢丝绳首尾相连夹紧，也可用作补偿链的二次保护，见图4-39。

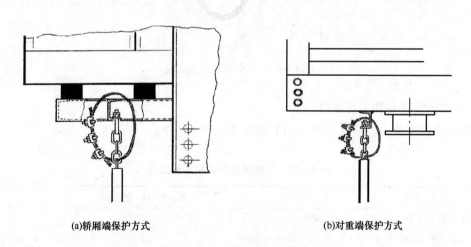

(a)轿厢端保护方式　　　　　　　　　(b)对重端保护方式

图4-39　穿钢丝绳的二次保护方式

4. 导向装置的安装　如果电梯使用包胶链并配置了导向装置，需按图进行导向装置安装。为减少运行噪声，导向装置安装位置应保证包胶链在自然悬垂状态下通过四周导滚轮的中心位置，见图4-40。

5. 防刮擦措施预处理　另需注意补偿链与对重防护网的有效距离，若电梯运行时无法避免补偿链与防护网的刮擦，则需对防护网碰擦局部用软性材料进行包扎预处理，见图4-41。

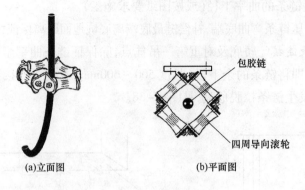

图 4-40 包胶补偿链及导向装置

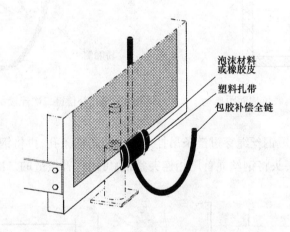

图 4-41 补偿链防刮擦措施

二、补偿绳装置安装工艺流程

补偿绳装置安装工艺流程见表 4-13,装置图见图 4-42。

表 4-13 补偿绳装置安装工艺流程

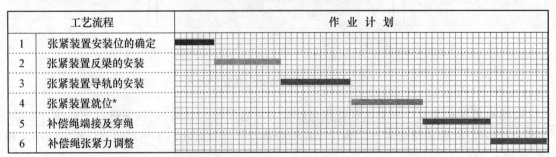

	工艺流程	作业计划
1	张紧装置安装位的确定	
2	张紧装置反梁的安装	
3	张紧装置导轨的安装	
4	张紧装置就位*	
5	补偿绳端接及穿绳	
6	补偿绳张紧力调整	

* 若采用圆形导柱,则按设计图要求施工。

1. 张紧装置安装位的确定 参照井道平面布置图,在底坑地面画出张紧装置的安装位置。

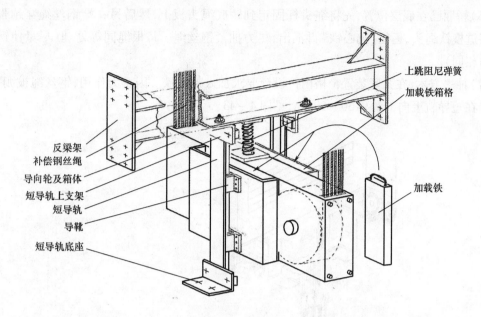

上跳阻尼弹簧
加载铁箱格

反梁架
补偿钢丝绳
导向轮及箱体
短导轨上支架
短导轨
导靴
短导轨底座

加载铁

图4-42 补偿绳张紧装置示意图

2.张紧装置反梁的安装

(1)将张紧装置的横向中心线引到两侧井道墙上,并划出张紧装置反梁固定用的膨胀螺栓孔位。

(2)在两侧井道墙上钻固定反梁用的膨胀螺栓孔,并将反梁用膨胀螺栓固定。

3.张紧装置导轨的安装

(1)在反梁对应位置上钻导轨底座膨胀螺栓孔,固定导轨底座。

(2)将两根短导轨用压导板、螺栓初步紧固在反梁与导轨底座上,并校正垂直度,复核确认此安装位置与图纸设计一致,导轨距=导靴槽槽底距离+1mm。

4.张紧装置就位

(1)将张紧装置移入底坑,移向安装位置,并逐步微移至让单侧靴脚与短导轨贴合。

(2)再将另一根短导轨嵌入另一侧滑槽中,调整、微移张紧装置,使另一则导靴插入导轨后与反梁、导靴底座正好在安装位,用压导板、螺栓将两侧导轨全部紧固。

(3)将上跳阻尼弹簧按要求安装到位,用千斤顶抬高张紧装置使弹簧处于中度压紧状态,下面用两根方木(200mm×200mm×500mm)垫起(或多块木板垒至此高度)。

5.补偿绳端接及穿绳

(1)钢丝绳解开方法参考"本章第七节二、1"。

(2)钢丝绳截断方法参考"本章第七节二、1"。

(3)钢丝绳"放旋"方法参考"本章第七节二、2"。

(4)完成单端的绳头制作,参考"本章第七节二、4"。

(5)将钢丝绳绳头杆固定到对重架下绳头板上,双螺母锁紧绳头杆,完成绳头防转处理,将对重升至顶层。

（6）轿厢已在底层位置,先将绳头杆固定到轿底绳头板上,然后另一端钢丝绳穿越张紧轮后再穿进楔铁绳头,裹住"鸡心铁"再汇出,尽力抽紧钢丝绳。每根绳同等处理(尽量使钢丝绳张紧力相同)。

（7）抽去方木,在张紧装置箱格内按设计要求加入加载铁。因重力作用,钢丝绳被绷紧,张紧装置在短导轨上向下滑移 30～50mm,见图 4-43。

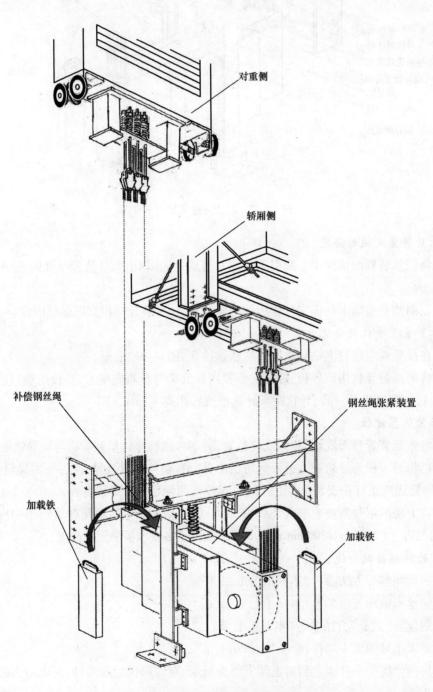

图 4-43　补偿绳装置连接示意图

（8）安装初期要考虑新钢丝绳的延伸性，安装完成的钢丝绳张紧装置尽量使其靠近滑动位置的上限，但要保证与上限防跳开关之间有间隙。

（9）张紧装置到达下限碰到断绳开关时，要保证张紧装置离底坑地面还有一个不小于100mm 的直线距离。

6.补偿绳张紧力调整

（1）轿厢停在底层，在轿顶上高 1.5m 处测对重下挂补偿钢丝绳，测量及调整方法参照"本章第七节二、5"。

（2）对轿厢端的绳头做防回转处理。

（3）补偿绳表面处理参照本章第四节。

第六节　缓冲器及底坑爬梯的安装

一、缓冲器的安装

缓冲器安装工艺流程见表 4 - 14。

表 4 - 14　缓冲器安装工艺流程

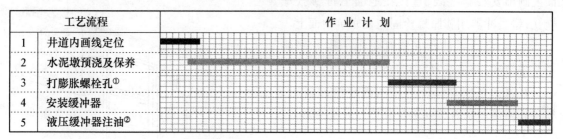

	工艺流程	作业计划
1	井道内画线定位	
2	水泥墩预浇及保养	
3	打膨胀螺栓孔①	
4	安装缓冲器	
5	液压缓冲器注油②	

注　①若已配钢墩，则可变更为"钻钢墩膨胀螺栓安装孔"。
　　②仅适用于液压缓冲器。

1.井道内画线定位　按照井道吊线位置确定缓冲器安装位置，在井道壁上画出坐标标记。

2.水泥墩预浇及保养　按照井道立面图，用水泥浇筑缓冲器座墩。

3.打膨胀螺栓孔，安装缓冲器

（1）用水泥浇筑缓冲器座墩。在水泥浇筑 7 天后，依照坐标标记，在墩面上画出安装十字线，打膨胀螺栓孔，然后将缓冲器放入十字线中心，用膨胀螺栓固定缓冲器，见图 4 - 44。

①轿厢缓冲器墩高 $h_j = Jh - hh - jcj$。

②对重缓冲器墩高 $h_d = Dh - hh - dcj$。

式中：Jh——轿底缓冲撞铁至底坑地面的间距；

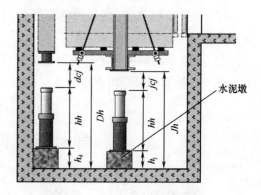

图 4 - 44　水泥墩垫高作业

Dh——对重缓冲撞铁至底坑地面的间距；

hh——缓冲器高；

jcj——轿底缓冲撞铁至缓冲器撞面的保持距，150 ~ 250mm(参考值)；

dcj——对重缓冲撞铁至缓冲器撞面的保持距，200 ~ 350mm(参考值)。

但需保证,当对重完全压缩缓冲器时的轿顶空间应满足:井道顶的最低部件与固定在轿顶上设备的最高部件间的距离值应不小于$(0.3 + 0.035V^2)$ m。

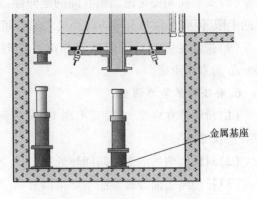

图4 – 45　金属基座垫高作业

对重缓冲器附近应当设置永久性的明显标识,表明当轿厢位于顶层端站平层位置时,对重装置撞板与其缓冲器顶面的最大允许垂直距离,并且该垂直距离不超过最大允许值。

(2)缓冲器已配置了金属基座的。在地面上画出安装十字线,直接在地面上打膨胀螺栓孔;用膨胀螺栓固定金属基座,再将缓冲器用螺栓固定到金属基座上,见图4 – 45。

(3)缓冲器不需要安装基座的。在底坑地面上画出安装十字线,直接在地面上打膨胀螺栓孔,将缓冲器用膨胀螺栓固定在底坑地面上。

注意:液压缓冲器安装时要用吊线方法测量其垂直度,要求垂直度≤0.5%。

4.液压缓冲器注油　使用液压缓冲器时,须检查液压油是否按要求及数量注入缓冲器。

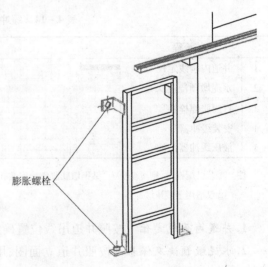

二、底坑爬梯的安装

(1)底坑近门入口井壁已有预埋铁的,则通过电焊施工将爬梯焊接到预埋铁上。

(2)没有预埋铁的,则通过钻膨胀螺栓孔,用膨胀螺栓固定预制的爬梯,见图4 – 46。

(3)无论采用何种方法安装的底坑爬梯,最突出点与运动部件保持距离应不小于50mm。

图4 – 46　底坑爬梯用膨胀螺栓固定

第七节　钢丝绳悬挂作业

一、作业工具准备

钢丝绳悬挂作业工具见表4 – 15。

表 4 - 15　钢丝绳悬挂作业工具列表

序号	工具名称	规格	单位	数量	用途
1	电坩埚	2.0KW	只	1	熔化巴氏合金用
2	大力剪	—	把		此三种工具均可用于截断钢丝绳用,三者取其一
3	扁口凿	~20mm×20mm×150mm	杆	1	
4	砂轮切割机	400mm	台		
5	钢丝钳	20.32cm(8 英寸)	把	1	—
6	镀锌铁丝	0.8~1.0mm	kg	0.5	—
7	麻绳	18mm	m	50/100	根据井道高选用
8	钢锯弓	(备若干中、粗齿锯片)	把	1	—
9	钢丝绳张力仪	—	只		两者均可用于钢丝绳张力测试,两者取其一
10	弹簧拉秤	20kg	只	1	
11	铝座角尺	300mm	把	1	—
12	钢丝绳盘车材料	木料	—	若干	—
13	防锈油	—	kg	2	—

注　前节已列工具可借用,不重复罗列。

二、钢丝绳穿挂工艺流程

钢丝绳穿挂工艺流程见表 4 - 16。

表 4 - 16　钢丝绳穿挂工艺流程

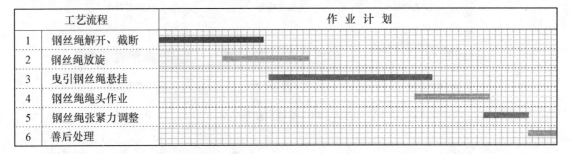

	工艺流程	作 业 计 划
1	钢丝绳解开、截断	
2	钢丝绳放旋	
3	曳引钢丝绳悬挂	
4	钢丝绳绳头作业	
5	钢丝绳张紧力调整	
6	善后处理	

钢丝绳作业前,作业场地应清扫干净,防止钢丝绳在沙石中或潮湿的地面上被拖曳。仓储过程中,不得将重物、设备堆压在钢丝绳上面。

1. 钢丝绳解开、截断

(1)钢丝绳解开。钢丝绳发货至工地都呈盘绕、捆扎状态,应使用正确的解开方式,防止打结、弯折现象发生,见图 4 - 47。

边解开钢丝绳边检查钢丝绳是否有死弯、笼状畸变、绳芯挤出、局部压扁、绳股挤出、严重锈蚀等现象,见图 4 - 48。

(2)钢丝绳截断。应使用大力剪、切割机、扁口凿,见图 4 - 49(a)、(b)、(c);不得使用电、气焊熔断钢丝绳,见图 4 - 49(d)。

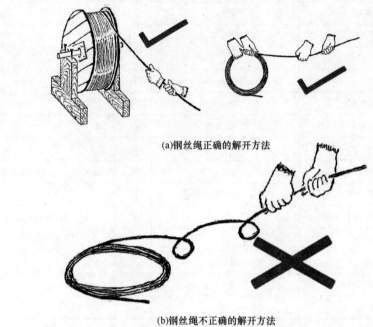

(a)钢丝绳正确的解开方法

(b)钢丝绳不正确的解开方法

图4-47 钢丝绳的解开方法

(a)死弯   (b)笼状畸变   (c)绳芯挤出

(d)局部压扁   (e)绳股挤出   (f)严重锈蚀

图4-48 钢丝绳质量缺陷

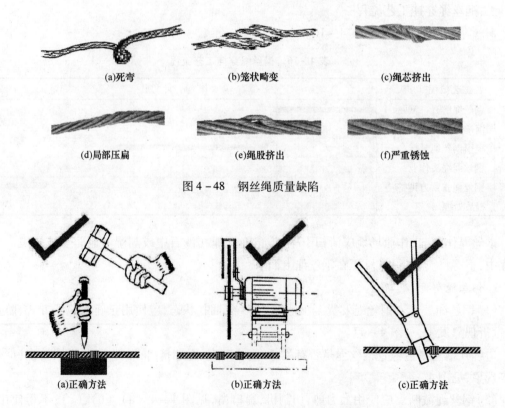

(a)正确方法   (b)正确方法   (c)正确方法

(d)错误方法

图4-49 截断钢丝绳的方法

钢丝绳断开前先用0.7~1mm的细铁丝离切口左、右各5mm处排绕,绕宽5~10mm,以使钢丝绳被截断后不至于断口绳股发散、松股,见图4-50。

钢丝绳截断长度必须做到一致,为钢丝绳安装及张力调整带来便利。

图4-50 钢丝绳断口排绕要求
(排绕尺寸:$Z = 5 \sim 10mm$;
断口位置尺寸:$G = 5 + 5 = 10mm$)

2. 钢丝绳放旋 为改善运行质量,钢丝绳穿挂前,先进行"放旋"(俗称放气)。放旋方法为:将钢丝绳吊挂到井道内,利用自身重力放旋,消除钢丝绳生产过程产生的绕转应力;吊挂不少于12h(2:1绕法钢丝绳分别各以1/2长度吊挂放旋)。

3. 钢丝绳的悬挂

(1)钢丝绳在曳引轮、导向轮、反绳轮之间穿越时,切忌强行扯拉钢丝绳,强行扯拉将会挫伤绳轮绳槽(绳轮绳槽硬度 HB 210~260,钢丝绳硬度 HB 320 以上),引发电梯运行时的不平稳。

(2)防止钢丝绳自身的损伤。钢丝绳的穿行路径要防止钢丝绳与井道脚手架、设备等的摩擦,防止钢丝绳股丝的擦伤、断丝及电焊施工飞溅焊珠灼伤等表面损伤。

(3)当电梯钢丝绳单重超过50kg时,为保证施工安全,必须借助起重工具进行吊装。

(4)钢丝绳截断有效长度必须保证:对重完全压在缓冲器上时,轿厢顶最高部件距离井道顶的最低部件距离不应小于0.30m[井道顶的最低部件与固定在轿厢顶上的设备的最高部件之间的自由垂直距离不应小于$(0.3 + 0.035V^2)$m];反之,当轿厢完全压在缓冲器上时,对重在导轨上的制导行程不小于0.30m,根据规范要求,对重导轨长度应能提供不小于$(0.1 + 0.035V^2)$m的进一步制导行程。

4. 钢丝绳绳头作业

(1)钢丝绳绳头的制作程序。

①1:1绕法曳引钢丝绳可先做一头,若穿绕无阻挡,则可两头一起制作。

②2:1绕法曳引钢丝绳穿越路线较复杂,可先做一头,并吊挂到固定的绳头板上,另一头穿绕完成后再制作绳头。

(2)绳头制作方法。

①浇铸式绳头作业(图4-51)。浇铸式绳头,一头为一绳头锥套空腔的圆铸体,后面连着一根两头带螺纹的绳头杆,上面配有弹簧下护圈、弹簧、弹簧上护圈、平垫、双螺母、开口销等零

件,见图4 – 52。

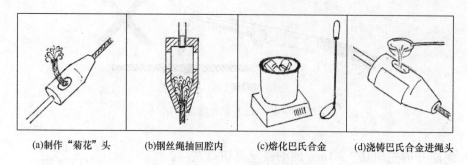

(a)制作"菊花"头　(b)钢丝绳抽回腔内　(c)熔化巴氏合金　(d)浇铸巴氏合金进绳头

图4 – 51　浇铸式绳头制作方法

a. 将钢丝绳从绳头端孔中穿入,从侧腰孔拉出,通过松股散丝弯圈,使钢丝绳头部呈"菊花状"散丝,塞回到绳头腔内。

b. 将巴氏合金放入电坩埚中,并通电熔化。用薄铁皮圈住,留出朝上的腰孔,绳头预热至100℃左右,将熔化的巴氏合金浇铸到绳头腰孔中,竖直绳头使合金要浇灌到与腰孔内口平齐,见图4 – 53。

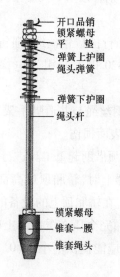

图4 – 52　浇铸式绳头

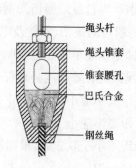

图4 – 53　巴氏合金浇铸绳头成型

c. 绳头安装。先进行单边绳头安装,视曳引比决定,1:1曳引比绳头板处位于运动部件上,2:1曳引比绳头板位于机房梁架上(无机房时位于顶部梁上)。2:1或1:1绳头安装均是将绳头螺杆穿入绳头板孔,放入弹簧下护圈、弹簧、弹簧上护圈、平垫及双螺母,进行初步的配装。

d. 张力调整后,可用3mm细钢丝绳或铁丝穿过全部通孔,再结扎起来,防止电梯运行中绳头发生回转。

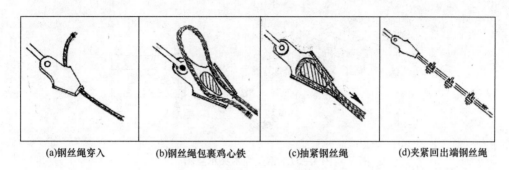

(a)钢丝绳穿入   (b)钢丝绳包裹鸡心铁   (c)抽紧钢丝绳   (d)夹紧回出端钢丝绳

图 4-54 楔铁式绳头作业方法

②楔铁式绳头作业(图 4-54)。

a. 楔铁式绳头,一头为一倒锥形扁空腔钢壳体,壳体内含有一鸡心铁。连接销以上构件与浇铸绳头相同,见图 4-55。

b. 钢丝绳净长度之外,还要考虑钢丝绳包裹鸡心铁后汇出绳头的折回长度,约 $40d$(d 为钢丝绳直径)。

c. 曳引钢丝绳从楔铁式绳头端部穿入,包裹鸡心铁后汇出钢丝绳端头;抽紧钢丝绳端头,汇出钢丝绳与穿入钢丝绳用不少于 3 只钢丝绳夹头夹紧。

d. 用 3~5mm 细钢丝绳或铁丝穿过楔铁绳头上的通孔,再结扎起来,可防止绳头回转,见图 4-56。

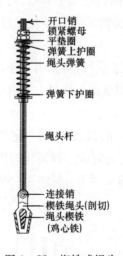

图 4-55 楔铁式绳头

绳头标注：
- 开口销
- 锁紧螺母
- 平垫圈
- 弹簧上护圈
- 绳头弹簧
- 弹簧下护圈
- 绳头杆
- 连接销
- 楔铁绳头(剖切)
- 绳头楔铁(鸡心铁)

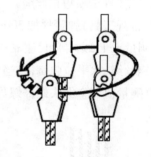

图 4-56 防绳头回转措施

(3)绳头防回转的木夹法。为防止绳头回转松弛,轿厢侧边常使用钢丝绳木夹。即用三块条木拼合,根据钢丝绳空间分布,在相邻的两块条木上用手枪钻钻出小于钢丝绳直径的通孔,然后将三块条木拆分夹住钢丝绳,因三块条木两端打了通孔,允许两根双头螺杆通过,再用两头螺母拧紧,钢丝绳即被夹裹,见图 4-57。

5. 钢丝绳张紧力调整 钢丝绳悬挂结束,电梯经过试运行后需进行张力调整,以改善电梯

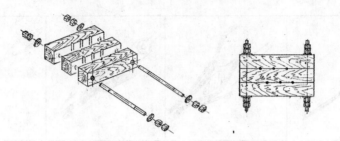

图 4 - 57　钢丝绳木夹示意图

运行质量,延长产品使用寿命。

(1)张力测试点选取。按张力测试点要求,定点后不宜变动,并在钢丝绳上画出测试点标记。

①1:1 绕法电梯取测试点。将轿厢移动至底端,在离轿顶高 1.5m 处取一测试点,理由是,此时钢丝绳大部分已悬垂于曳引轮至轿厢侧,对钢丝绳张力调整比较有利。

②2:1 绕法电梯取测试点。将轿厢移动至底端,在轿顶至机房曳引轮侧钢丝绳上进行测量,在离轿顶高 1.5m 处取一测试点,需上下配合,机房内操作人员根据测试人员指令调紧或调松绳头螺母。

(2)钢丝绳张力测试方法。

①用钢丝绳张力器测量张力。

a. 将张力器对准标记使用推力,当尺边正好与其他钢丝绳平齐时,可从表盘上直接读出张力数。选出张力最大的,然后微放绳头螺杆(等于放长钢丝绳),重复此过程,直到平均张力差值小于 5%,见图 4 - 58。

b. 当发现放绳头螺杆放长的余地较小时,可反过来执行,对张力最小的钢丝绳进行上紧绳头螺杆的操作(等于缩短钢丝绳),这也是微调,一直调整到平均张力差值小于 5%。

②用(常规工具)弹簧秤加 300mm 铝座角尺测量张力。

a. 在测量点上,先将角尺座靠在一排钢丝绳上,在角尺尺标上画一记号,用弹簧秤秤钩勾住其中一根钢丝绳,水平拉弹簧秤,当钢丝绳被拉到标记处时读出弹簧秤的值,每根钢丝依次同等测量,根据测量值调整绳头螺杆螺母,方法同上①中的 a. 及 b.,见图 4 - 59。

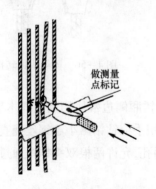

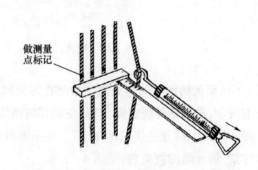

图 4 - 58　用钢丝绳张力器测量张力　　　　图 4 - 59　用常规工具测量钢丝绳张力

b. 钢丝绳张力计算。设 F_p 为钢丝绳平均张力, 则 $F_p = \dfrac{F_1 + F_2 + F_3 + \cdots + F_n}{n}$

举例:测得五根一组钢丝绳张力(表 4 - 17)。

表 4 - 17 钢丝绳张力数值

绳号	F_1	F_2	F_3	F_4	F_5
张力值(N)	78	81	84	77	80

则

$$F_p = \frac{78 + 81 + 84 + 77 + 80}{5} = 80(\text{N})$$

设 i 为钢丝绳张力比较值, 则

$$i = \frac{F_n - F_p}{F_p}$$

按上式计算, 得到每根钢丝绳的 i 值(表 4 - 18)。

表 4 - 18 计算结果

绳号	F_1	F_2	F_3	F_4	F_5
i 值	- 0.025	0.0125	0.05	- 0.038	0.00

根据 GB/T 10060—2011 中 5.5.1.9 的规定:任何一根绳或链的张力平均值的偏差均不大于 5%。显然最小值 F_4 与最大值 F_3 之间的偏差达到了 8.8%, 所以需对 F_3 稍作调松, 因钢丝绳张力的调整是"此消彼长", 所以当 F_3 调整到 81N 时, 其他钢丝绳张力分别为 $F_1 = 78.8$、$F_2 = 81.6$、$F_4 = 77.8$、$F_5 = 80.7$。F_p 还是等于 80N, 张力平均值偏差已在 5% 以内。

c. 往复开动三次再测量钢丝绳张力, 使之张力平均值偏差稳定在 5% 范围内。

d. 调整结束后再用 3mm 细钢丝绳或粗铁丝穿入绳头上的通孔, 预防绳头回转。

6. 钢丝绳的善后处理

(1)表面处理。钢丝绳悬挂完毕后, 应使用干布蘸着少许机油将尘埃、油污擦拭干净, 再薄薄地上一层防锈油, 保持 2h 的渗透, 再轻度擦拭干净, 让渗进的防锈油可保护钢丝绳一段时期内不锈。

注意:不能用煤油清洗钢丝绳, 因煤油会将原来含有的油脂溶化渗出, 反而使钢丝绳容易锈蚀。

(2)电梯平衡系数调试。电梯平衡系数为 0.4 ~ 0.5, 即实际对重重量要调试到 $P + (0.4 \sim 0.5)Q$ 的范围内(P 为轿厢空载自量, Q 为额定载荷)。

①电流法调试方式。

a. 将钳形电流表钳挂于电机输入电缆任一相线上, 借用对重块或标准砝码, 并移入轿厢, 均布, 重量接近 $1/2Q$, 电梯上、下运行, 经过行程的 $1/2$ 处即轿厢与对重交会处时读取电流数值, 上、下各做三次并记录。

b.通过轿内对重块或标准砝码的增、减,使上行电流值与下行电流值等同或有微小差异,此时,可认为轿厢与对重已达到基本平衡点。

c.然后检查、清点轿内装载重量(单件重×n=轿内载重)。比如,额载为1000kg的电梯,若平衡时轿内对重块(或标准砝码)总重550kg,说明对重 $1/2Q$ 也是550kg,若从对重框内取走100kg对重块,也就是 $1/2Q$ 里减去100kg,变为450kg,450÷1000=0.45,则平衡系数下降为0.45,满足要求。若平衡时轿内对重块(或标准砝码)总重350kg,说明对重 $1/2Q$ 也是350kg,若向对重框内加装100kg对重块,也就是 $1/2Q$ 里加上100kg,变为450kg,450÷1000=0.45,则平衡系数升至0.45,亦满足要求。

②力平衡比较法。本法适用于无齿轮曳引机;有齿轮的调试不适宜,误差较大。

a.借用对重块(或标准砝码),移入轿厢,均布,重量接近 $1/2Q$,将电梯开到轿厢与对重平齐位置。

b.轻轻打开曳引机抱闸,观察溜车情况,通过增、减轿内对重块(或标准砝码),打开抱闸后轿厢对重不溜车,此时轿厢与对重基本取得平衡。

c.余下操作与电流法中的 c. 和 d. 操作相同。

③推拉力比较法 本法适用于有齿轮曳引机,无齿轮的调试不适宜。

a.借用对重块,并移入轿厢,均布,重量接近 $1/2Q$,将电梯开到轿厢与对重平齐位置。

b.松开抱闸,轿厢侧与对重侧重量接近时,因蜗轮蜗杆副的自锁作用不易溜车。在盘车手轮轮缘上端夹一个C形夹头作为力点,用10kg弹簧秤勾住力点沿水平方向拉动,直到曳引轮转动(轿厢上升),读出弹簧秤的读数。弹簧秤勾住力点沿反方向水平拉动,曳引轮转动(轿厢下降)时读出弹簧秤的读数。通过增、减轿内对重块,正、反方向拉动弹簧秤读出的读数只有微小差异时,可认为轿厢与对重基本取得平衡。

余下操作与电流法中的 c. 和 d. 操作相同。

④电流—负荷曲线平衡系数试验方法 与以上三种经验测试方法不同,这是一种精确的试验方法。

a.轿内装入砝码,从载荷 $0\%Q$ 开始逐步加到 $100\%Q$,让电梯上、下运行。

b.备一张电流—负荷曲线记录坐标纸,如图4-60所示。

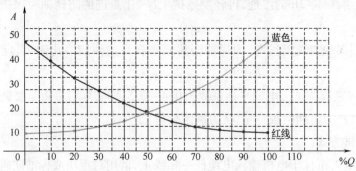

图4-60 电流—负荷曲线坐标图

c. 用蓝色记号笔在坐标中点上电梯上行过程中,轿厢与对重交会时的电流读数。

d. 用红色记号笔在坐标中点上电梯下行过程中,轿厢与对重交会时的电流读数。

e. 分别将红点、蓝点用线连接,坐标中得到的两条曲线相互交叉,交叉点对应到横坐标的%Q 值则为轿厢与对重的平衡点。

f. 查看轿内砝码重量,根据平衡系数目标值,对对重侧略作增、减即可达到平衡系数目标值。

第八节　质量控制及作业安全

一、质量控制

1. 对重安装质量控制

(1)对重两边上下导靴连线扭交平行度不大于 1mm。

(2)对重块填装应满足平衡系数为 0.4 ~ 0.5 的要求。

2. 补偿装置安装质量控制

(1)补偿链必须确认垂吊不扭转。

(2)补偿链压低后底部离底坑地面距离保证不小于 100mm。

(3)补偿绳安装垂直偏差全程不大于 2mm。

(4)补偿绳张力平均差异控制在 5% 以内。

3. 缓冲器安装质量控制

(1)蓄能型缓冲器安装垂直度要求不大于 2mm。

(2)液压缓冲器安装垂直度要求不大于 5/1000。

(3)缓冲器撞头中心离轿厢架、对重架撞铁中心偏差不大于 20mm。

4. 钢丝绳悬挂质量控制

(1)钢丝绳施工后不得有表面划伤、断丝、焊熔、锈蚀等损伤。

(2)穿挂钢丝绳时不得与其他硬物相刮擦,防止擦伤钢丝。

(3)钢丝绳表面不得沾染沙石、油污。

(4)钢丝绳张力平均差异控制在 5% 以内。

二、作业安全

1. 装填对重块作业风险

(1)扛抬对重块肢体压伤,其应对预防措施为:使用吊装工具,两人配合起抬、放下时有一人指挥,不得各行其是。

(2)腰椎意外损伤,其应对预防措施为:对重块超过 80kg 时必须使用吊装工具。

(3)未压住对重块,被对重块坠砸,其应对预防措施为:对重块装填后必须安装压紧装置。

2. 钢丝绳悬挂作业风险

(1)钢丝绳搬运时伤及腰肌、臂肌,其应对预防措施为:正确估计钢丝绳重量,尽量利用起重工具搬运,穿挂时要借用工具吊装。

(2)钢丝绳解开时钢丝扎伤手掌,其应对预防措施为:钢丝绳解开作业人员要戴涂胶厚手套,轻放轻解,不强行抽拉。

(3)钢丝绳不小心脱手甩伤作业人员,其应对预防措施为:井道内放绳过程中,单头钢丝绳必须有麻绳之类的系住,防止直接手拽握力不够,钢丝绳脱手坠落伤人。作业人员还须穿工作服、安全鞋及戴安全帽。

(4)熔化巴氏合金浇绳头时烫伤,其应对预防措施为:熔化巴氏合金浇绳头操作必须戴粗帆布手套。

(5)操作不当手指轧入绳槽,其应对预防措施为:钢丝绳滑入绳槽时,应借助工具将钢丝绳滑入绳槽,盘车时严禁将手掌、手指置于钢丝绳与绳槽切口部位。

3. 钢丝绳张力调整时作业风险

(1)人员登入轿顶电梯非正常动作,有受到意外伤害可能,其应对预防措施为:要将登入轿顶立即打下停止(急停)开关视为规范动作,防止电梯意外动作。

(2)如有轿顶轮,电梯动作时因挡扶不当,肢体轧入绳轮,其应对预防措施为:张力调整时需动车,必须有思想上的准备,并站位于安全区域,可手握护栏。

4. 电梯调整平衡系数时作业风险

(1)向轿内移入对重块或砝码,动作不当,很易闪腰。其应对预防措施为:单体超过40kg的重物在搬运时需借助搬运工具,不大于80kg的重物也可由两人协助搬运,并要注意双方的协调与互保。

(2)重物搬运过程中有肢体压伤风险。其应对预防措施为:搬运重物前应准备好垫衬材料,搬运放下时不致压伤肢体。合力撬、扛、拉重物时要有专人指挥,绝不能各行其是。

(3)在调整对重框内对重块时,人需在轿顶围栏外活动,作业人员有坠落风险。其应对预防措施为:在轿顶围栏外区域作业时,井道内必须吊挂生命线(保险绳),个人穿戴的保险带止滑卡钩卡挂在生命线上。若使用的保险带带挂钩,则应将挂钩勾在近身的脚手架或井道支架上,做到高挂低用。

本章小结

本章的安装工艺基本包括了井道内的主要部件,静态的是导轨及导轨支架、缓冲器等,动态的是轿厢及门机、对重架。轿厢导轨提供了轿厢的运动路径,对重导轨提供了对重架的运动路径,所以导轨的直线度、轨距、扭曲度决定了电梯运行质量的优劣。

轿厢拼装质量也是影响电梯运行质量的重要因素之一,首先完成轿架装配,上下共四只导靴正常落座,不允许强行撬入,以后运行也不会因四导靴中心不在同一平面内而出现电梯抖晃现象。

本章提出了一个"轿厢安全拼装法",即在轿架、对重架拼装入轨后立即吊挂曳引钢丝绳,并立即配装安全钳、限速器,将原由吊重工具受力的轿架转移至由曳引钢丝绳受力,为轿厢的后续整体拼装提供了安全保障。不需常规安装工艺中要找 20# 工字钢或 200mm×200mm 的木梁搭建轿厢拼装工作平台,因为现场大多不具备这些材料。

对曳引钢丝绳的处理即"放气"不要小视,这也和电梯运行质量有关。绞股是钢丝绳生产工序之一,钢丝绳生产出来后被绕到木盘上,生产过程中产生的扭曲应力并未消除,通过"放气"使扭曲应力减除,并改善钢丝绳的弹性应变,使电梯行驶时更平稳。

本章提出的钢丝绳张力平衡方法其中之二是一个实用方法,即在工地没有专门测量工具的情况下也可以做到,但要防止"矫枉过正",因为钢丝绳张紧力的调整是"此消彼长"的,应耐心细致地进行。

本章对于电梯平衡系数的确立给出了多种方法,视手头已有的工具、材料选取其中的一种方法即可,实质要控制的是对重侧重量 $= P + (0.4 \sim 0.5)Q$(P 为轿厢空载自重,Q 为额定载荷)。

思考题

1. 导轨支架的四种安装形式,是否可混合使用?
2. 导轨自下而上安装有什么好处?
3. 导轨接头处缝隙为什么要当场修正?
4. 导轨的扭曲、垂直校正为什么不在全部完工后进行?
5. 轿厢拼装安全工艺是建立在什么条件下的?
6. 安全钳提拉装置动作要达到怎样的结果?
7. 在安装导靴时,如果用力撬入安装孔位,会发生什么后果?
8. 轿厢拼装是否可以在底坑进行及如何与对重连接?
9. 井道悬挂安全绳的目的是什么?
10. 对重初装时,对重块是否需要 100% 全部装填?
11. 包胶补偿链的导向装置应紧贴补偿链安装吗?
12. 电梯运行时,补偿链摇晃的主要原因是什么?
13. 补偿绳可以不用张紧装置吗?
14. 轿厢与对重的缓冲撞头与缓冲器撞面垂直距离为什么可以不一致?
15. 对重撞铁与缓冲器撞面安装距离加大或减小会带来哪些问题?
16. 钢丝绳"放气"是什么目的?
17. 钢丝绳在重力作用下延伸是怎么形成的?
18. 做钢丝绳张力调整时,钢丝绳张力可以调到预先设定的值吗?
19. 能用静平衡替代动平衡试验吗?

■第五章　层门安装

第一节　层门地坎安装

层门安装工艺流程见表 5 - 1。

表 5 - 1　层门安装工艺流程

	工艺流程	作 业 计 划
1	地坎安装	
2	门立柱(小门套)安装	
3	大门套安装*	
4	层门挂架安装	
5	吊挂层门板	
6	门锁闭合及调整	

注　*设计中若无大门套配置,则跳过本工序。

一、有土建预留牛腿条件下的地坎安装

安装作业见图 5 - 1。

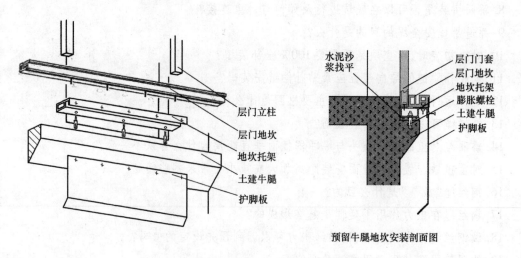

预留牛腿地坎安装剖面图

图 5 - 1　有土建预留牛腿的地坎安装作业

（1）吊门垂线时应考虑到不同楼层土建牛腿的进出,例如,图5-2中A尺寸处向井道内最凸出,B尺寸处凸出最少,则以A尺寸处牛腿为基准,确定整楼层门地坎在牛腿上的进出位置。

（2）将牛腿面清灰后用1:2的300#水泥沙浆抹平,水平度不大于2/1000。抹平高度需参照土建方告知的最终层站的地坪高,要求地坎施工结束后,地坎面高于最终层站的地坪高度,有2~5mm的散水坡度。

（3）以门吊垂线为基准,将地坎托架置于门宽中心对称位置,用6~8mm膨胀螺栓固定于牛腿面上。

（4）将六角螺栓头放入地坎T形槽里,螺栓插入托架固定孔,加垫圈、弹垫用螺母固定地坎,或参照图纸要求固定地坎。

（5）地坎与层站地面之间的缝隙,待层站地坪装修施工时用地砖或水泥掩盖。

二、采用钢牛腿（钢支架）的地坎安装

安装作业见图5-3。

（1）土建预留门洞吊门垂线时已考虑到不同楼层土建门洞的凹进、凸出,若B最凸出,则以B门洞为参照基点,确定地坎在钢牛腿上的进出位置（图5-4）。

（2）若在门洞地坎位置已预埋铁板,则用焊接方法将钢牛腿支架焊接到铁板上。若无预埋铁板则用膨胀螺栓固定方法将钢牛腿支架固定在井道门洞下方。

（3）将地坎托架、地坎用螺栓与钢牛腿支架进行组装。

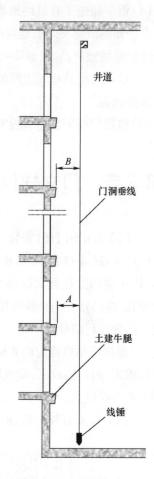

图5-2　牛腿测量示意图

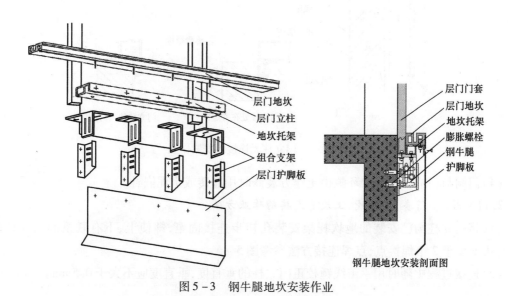

图5-3　钢牛腿地坎安装作业

（4）钢牛腿施工其最终地坎面纵向水平度不大于1mm。参照土建方告知的最终层站的地坪高，要求地坎施工结束后，地坎面高于最终层站的地坪高度，有2～5mm的散水坡度。

（5）地坎与层站地面之间的缝隙，待层站地坪装修施工时用地砖或水泥掩盖。

（6）将层门护脚板用螺栓安装固定于地坎托架（或地坎）上。

第二节 门立柱（小门套）及大门套安装

一、门立柱（小门套）安装

1. 门立柱（小门套）与地坎、上坎无连接的作业方法

（1）根据门立柱侧面横筋对应位置，在门洞边墙上钻6mm膨胀螺栓孔，将已钻孔的小铁条用膨胀螺栓固定起来，膨胀螺栓位置需避开门板运行路径。

（2）根据门吊线确定门立柱的位置，需弯折小铁条与门立柱横筋点焊固定，边焊边校正，垂直度控制在0.5mm之内，每边立柱不得少于4个焊接点。

（3）门立柱安装校正后，正面与侧面垂直度应<0.5mm，参考图5-5。

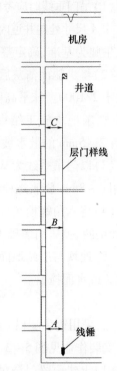

图5-4 钢牛腿测量示意图

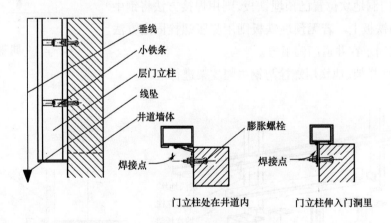

图5-5 门立柱无连接的安装作业

（4）门洞与门立柱之间的环隙由土建方装修时用墙砖或水泥嵌补。

2. 门立柱（小门套）与地坎、上坎有连接的作业方法

（1）将门立柱与已安装的地坎托架安装孔初步连接固定，即使上、下有联系的门立柱（门套）每边不少于2个焊接点，点焊连接方法参考图5-5。

（2）连接过程中随时用手工线锤校正门立柱的垂直度，垂直度应不大于0.5mm。

（3）门立柱（门套）与门地坎、上坎架连接方法可分别参考图 5 - 6 和图 5 - 7。

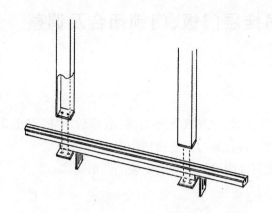

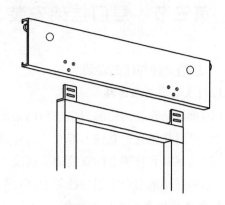

图 5 - 6　门立柱（门套）与地坎连接示意图　　　　图 5 - 7　门立柱（门套）与上坎架连接示意图

（4）门洞与门立柱之间的环隙由土建方装修时用墙砖或水泥嵌补。

二、大门套安装

大门套安装作业见图 5 - 8。

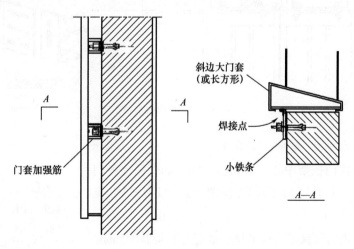

斜边大门套
（或长方形）

焊接点

小铁条

门套加强筋

A—A

图 5 - 8　大门套安装作业

1. 大门套与地坎、上坎无连接的作业方法

（1）根据大门套背面横筋对应位置，在门洞边墙上钻 6mm 膨胀螺栓孔，将已钻孔的小铁条用膨胀螺栓固定起来，小铁条另一头搭焊在大门套加强筋上，大门套每边不少于 4 个焊接点。

（2）连接过程中随时用手工线锤校正立柱的垂直度，垂直度应不大于 0.5mm。

（3）门洞与大门套之间的环隙由土建方装修时用墙砖或水泥嵌补。

2. 大门套与地坎、上坎有连接的作业方法　可参考门立柱（小门套）与地坎、上坎有连接的作业方法。

第三节 层门挂架安装、吊挂层门板、门锁闭合及调整

一、层门立柱与挂架安装

1. 门立柱与挂架连接

（1）确认已安装到位的门立柱与门铅垂线重合，地坎高度比外地坪（装修后地坪）高出 2～5mm 后，可将挂架置于立柱上部安装部位，用螺栓将挂架与门立柱初步固定。

（2）已观察到挂架上面安装边的高度，在此范围内确认无影响安装的凸出物。

（3）将挂架的组合支架与挂架上部安装孔初步连接。

2. 挂架的组合支架安装固定

（1）以组合支架安装孔槽为参照，在门的上方井道壁上钻膨胀螺栓孔，钻毕清灰。

（2）将膨胀螺栓置于孔内，固定挂架组合支架，初步拧紧，见图 5－9。

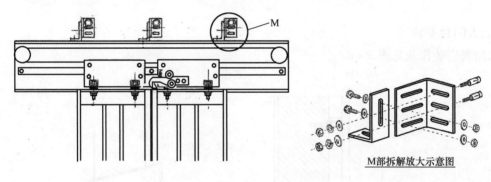

M部拆解放大示意图

图 5－9 层门挂架吊挂图

（3）校正挂架水平度，允差≤1/1000。

（4）要求全部层门挂架中心重合，允差≤0.5mm，保证各门锁滚轮（俗称门球）与门机门刀的相对位置一致，即 $M = M'$，见图 5－10。

（5）挂架纵向进出须保证门板吊挂后垂直度不大于 0.5mm。

（6）满足上述要求后，可将所有的安装螺栓全部拧紧。

二、吊挂层门板

可参考第四章第三节中的"轿门板安装"。

（1）将门导靴（也称门滑块、门脚）与层门板下端装配孔连接。

（2）将层门板下端门导靴插进地坎滑槽，上横头的门吊螺栓腰孔对准上坎架门滑板底部两孔，穿入吊门螺栓（可加调节垫片），暂时紧固。

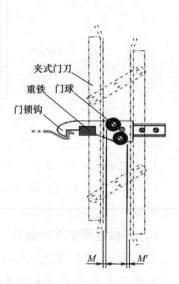

夹式门刀
重铁 门球
门锁钩

图 5－10 门刀门球示意图

(3)检查门板正面闭合缝隙,要求上、下缝隙不大于 0.5mm,可以通过调节吊门螺栓或填片,调整门的缝隙。

(4)调整门板与立柱、门楣的间隙。可以通过门板上部吊门腰孔与螺杆前后位移及门板下部腰孔与导靴前后位移来调节层门板前后进出,客梯应不大于 6mm、货梯不大于 8mm。

(5)调整门板下沿的平整度及距离地坎的间隙。可通过吊门螺栓处加、减垫片来实现门板下沿平整及距离地坎的间隙,间隙应控制在 5～6mm。

(6)满足以上安装条件后,拧紧所有安装螺栓。

(7)层门表面贴有保护膜,施工时注意避免碰擦,防止撞瘪、擦伤,移交用户后方可去除保护膜。

三、门锁闭合及调整

1. 强迫关门装置试验

(1)吊锤式自动关闭装置,出厂时为防备吊锤摇晃损伤门板用,一般使用扎带系捆,阻止其活动。层门安装完毕后应将捆绑扎带剪切掉,使吊锤恢复重力自动关门功能。

(2)拉簧式自动关闭装置,出厂时弹簧用发泡材料包裹并用扎带系结,试验时应检查自动关门动作有无阻碍,若包裹材料使自动关门功能受阻,则应拆去包裹材料。

(3)将层门打开 80%,突然放手,层门应自动关闭,门锁锁钩闭合。

(4)将层门打开 50%,突然放手,层门应自动关闭,门锁锁钩闭合。

(5)将层门开启的位置逐渐降至 20%,突然放手,层门也应自动关闭,门锁锁钩闭合。

(6)设计时已考虑设定了自动关门力矩,若试验时出现关门受阻,则需检查门导轨、地坎槽等有无阻滞关门的异物。

2. 检查门锁锁钩深度,校核层门中心位置

(1)层门关闭后,检查门锁锁钩深度应≥7mm,在此深度条件下门锁安全触点才允许接通;反之,门锁锁钩深度未达到 7mm,门触点不允许接通,见图 5－11～图 5－13。

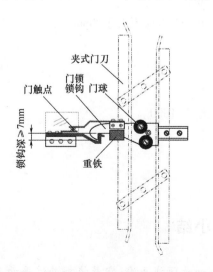

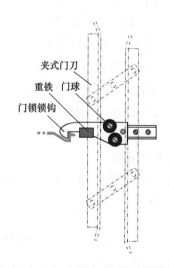

图 5－11 门锁锁钩、门触点及门刀结构示意图　　　图 5－12 夹式门刀结构示意图

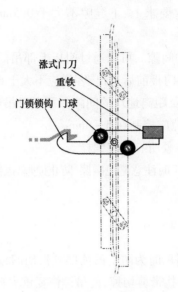

图 5 – 13　涨式门刀结构示意图

（2）每一层门安装完成后，均要校核层门中心是否处在同一条直线上，对出现偏差的层门应及时进行调整，以保证门球（门锁滚轮）处于两门刀中间位置。

第四节　质量控制及作业安全

一、质量控制
（1）层门中心线与门吊垂线中心线重合度位差不大于 0.5mm。

（2）层门闭合，正面门缝上下偏差不大于 0.3mm。

（3）层门板与立柱、门楣的间距：客梯不大于 6mm，货梯不大于 8mm。

（4）层门下沿距地坎控制在 5~6mm。

（5）门锁锁钩深不小于 7mm。

（6）层门地坎与轿门地坎间距不大于 35mm。

（7）层门地坎表面相对水平面的倾斜不应大于 2/1000。

二、作业安全
略。参照第四章第一节中的"五、作业安全"。

本章小结

本章的层门安装施工必须参照的两个基准：一是门线基准，它是依据井道平面布置要求及预留门洞位置来确定的；二是层门地坎高，它是由土建施工方或用户告知的最后装修的外地坪高,每层楼面都要标注。有了以上两个基准方可施工。

以前老产品可能有门套与地坎、上坎不连接的,本章提供了不连接的安装方法。但目前这种做法很少见,基本上都是连接的,相对容易安装,只要保证地坎的水平度、地坎高和门套的垂直度的安装质量即可。

各道层门中心的重合度是另一个重要的安装质量问题,电梯上、下运行时要保证门机的门刀准确通过层门的门锁门球,如果层门中心位置出现偏差,门刀容易碰擦门球引起门锁电触点开关瞬间断开,从而导致电梯发生急停故障,甚至把乘客关在电梯内。

思考题

1. 层门地坎安装有几个基准作为参照?
2. 门立柱在什么条件下可以伸入门洞安装?
3. 门套上下都连接为什么加强筋还要与铁条搭焊(铁条紧固于墙体)?
4. 层门安装是否可以上下一起施工,需要哪些必需的安全措施?
5. 强调层门中心的重合度的主要目的是什么?
6. 层门门板关闭后是否必须居中?

■第六章 电气装置及部件安装

第一节 电气装置及部件安装工艺

一、作业工具准备

电气装置及部件安装作业工具见表6-1。

表6-1 电气装置及部件安装作业工具表

序号	工具名称	规格	单位	数量	用途
1	万用表	A.R.V.常用型	台	1	—
2	钳形电流表	100A	台	1	—
3	摇表(高阻表)	≥500V	台	1	测量绝缘电阻用
4	测电笔	—	支	1	—
5	断线钳	护把耐压型	把	1	—
6	剥线钳	—	把	1	—
7	螺丝批	一字	套	1	—
8	螺丝批	十字	套	1	—
9	活络扳手	20.32cm(8英寸)25.4cm(10英寸)	把	各1	—
10	内六角扳手	—	套	1	—
11	电烙铁	45W	把	1	—
12	电工刀	—	把	1	—
13	手枪钻	2~12mm	把	1	—
14	微型电焊机	N10	台	1	—
15	橡皮手套	—	副	2	—
16	橡胶垫	0.6m×0.8m×0.01m	块	1	—
17	电工鞋	—	双	2	—
18	焊锡条卷	线形	卷	1	—
19	电工胶带	—	卷	3	—
20	细纱布	—	张	5	—

二、电气装置及部件安装工艺流程

电气装置及部件安装工艺流程表及流程图分别见表6-2和图6-1。

表 6 – 2 电气装置及部件安装工艺流程表

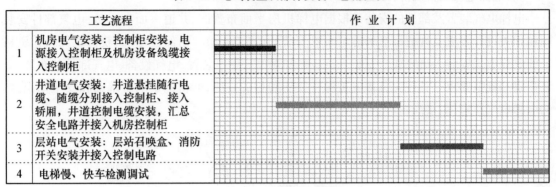

	工 艺 流 程	作 业 计 划
1	机房电气安装：控制柜安装，电源接入控制柜及机房设备线缆接入控制柜	
2	井道电气安装：井道悬挂随行电缆、随缆分别接入控制柜、接入轿厢，井道控制电缆安装，汇总安全电路并接入机房控制柜	
3	层站电气安装：层站召唤盒、消防开关安装并接入控制电路	
4	电梯慢、快车检测调试	

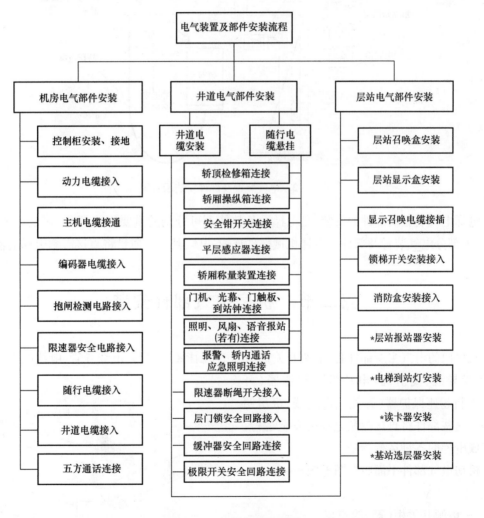

图 6 – 1 电气安装流程图

（＊属合同选订件）

三、电梯电气装置及部件的安装

电梯电气装置及部件的安装是根据电梯机房平面布置图、井道平面布置图、电气部件安装图和相关设计要求及规范标准来确定布置安装的(图6-2)。由经过培训、获得上岗操作资格证的电梯电气安装人员完成。安装人员应熟知对电梯供电装置、电气设备、电气部件的布置、安装步骤和规范要求。其还应具备电工操作技能和相关技能,懂得电子电工基础和安全知识,熟知电梯电气原理图、接线图。

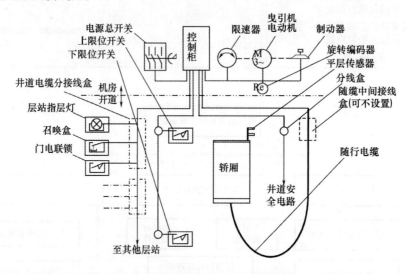

图6-2　电气装置及部件安装示意图

电梯电气装置及部件的安装,是电梯设备整体不可分割的重要组成部分,它是电梯的控制神经,大部分电气装置及部件与电梯机械部件连成一体,其安装质量将直接影响电梯的使用。

第二节　机房电气部件安装

机房内的电气主要部件有:电源开关柜(箱)、控制柜(屏、箱)、电线导管、电线线槽、金属软管、绝缘导线、曳引机(电动机)、限速器(开关)、上行超速保护器(开关)、电缆线、机房照明等。这些部件将直接控制电梯的安全运行,并完成电梯的各种运行指令。

机房电气部件平面布置图见图6-3。

一、电源开关柜(箱)的安装

1. 电梯的电源　电梯电源是通过电源控制及保护装置等所形成的供电系统(线路)来对电梯供电的。

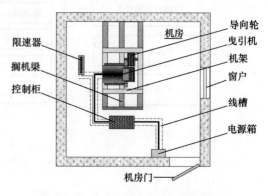

图6-3　机房电气及设备平面布置图

(1)电梯供电系统分三相交流(~380V)动力电源、单相交流(~220V)照明电源、应急电源三部分。电梯三相主电源应是单独专用电源,一般采用三相五线制供电,由建筑物配电房直接送至电梯机房。三相主电源的电压等级为交流~380V,频率为50Hz,其电压波动范围不应超过±7%。

(2)同一建筑物、构筑物的电线绝缘层颜色选择应一致,即保护地线(PE线)应是黄绿相间色,零线(N线)用淡蓝色;相线用:A相—黄色、B相—绿色、C相—红色。A、B、C三相主电源相序应从左至右依次排列,分别接入熔断器或主电源开关。

(3)当三相电源切断时,不影响单相电源所控制的机房、轿厢、井道、底坑等处照明及插座的正常供电。

(4)当正在运行中的电梯突然遇到供电系统故障(停电、缺相、火灾)时,若有应急电源,将自动切换投入工作,输出电梯所需电源,将电梯运行至层楼平层位置停靠,电梯自动开门,便于乘客安全撤离电梯。

(5)当三相交流电源恢复供电时,应急电源所控制的装置能停止对电梯供电。应急电源装置的充电回路会自动对蓄电池组再进行充电,以备应急使用。

2. 电梯主电源开关柜(箱)的安装位置

(1)在机房中,每台电梯应有一个独立的能切断三相主电源的开关,该开关应具有切断电梯正常使用情况下最大电流的能力,其容量一般不小于电梯电动机额定电流的2倍。同一机房内有多台电梯时,每台电梯和主电源开关要有相对应的标识。

(2)对有机房电梯,工作人员应能从机房入口处方便地接近该开关;电梯主电源开关柜(箱)的安装位置应尽量靠近机房入口处。主电源开关箱的高度宜距地面1.3~1.5m,应安装牢固,横平竖直。主电源开关柜底部应有型钢制作的底座并固定,开关柜安装并固定在金属型钢底座上,其垂直度偏差不大于1.5‰。

(3)对无机房电梯,该开关应设置在井道外工作人员方便接近的地方,并应具有必要的安全防护措施。

3. 电梯主电源开关柜(箱)的接地保护

(1)电梯主电源开关柜(箱)内应分别设置零线(N)和保护接地线(PE),且分别经汇流排接线后引出,汇流排上同一接线端的导线连接不应多于2根,且有固定防松装置。

(2)电梯主电源开关柜(箱)可开启的金属门和框架必须可靠接地,接地端子间应用裸编织铜带连接;主电源开关柜的金属底座也必须可靠接地,接地端子应有标识。

(3)零线(N)与保护接地线(PE)应始终分开。保护地线应是黄绿相间双色绝缘铜芯导线。

(4)电梯主电源开关柜(箱)内的各种电器元件应保持完好无损,熔断器的熔芯规格应符合使用要求,不得用铜丝替代。

4. 每台电梯主电源开关不应切断的供电电路

(1)轿厢照明和通风、空调(如有)。

(2)轿顶电源插座。

（3）机房和滑轮间照明。

（4）机房、滑轮间和底坑电源插座。

（5）电梯井道照明。

（6）报警装置。

5. 机房内照明 在机房内靠近入口的适当高度处应设有一个开关或类似装置，控制机房照明电源。机房内应设有固定的电气照明，机房地坪表面上的照度不应小于 200lx。

6. 电源插座及接线 机房、滑轮间、轿顶、井道及底坑所需的插座等装置电源可通过主电源开关供电侧相连。机房内应设置一个或多个电源插座，这些插座是：2P + PE 型 250V，直接供电，或根据相关规定，以安全电压供电。

插座接线应符合下列规定：

（1）单相两孔插座，面对插座的右孔或上孔与相线连接，左孔或下孔与零线连接。

（2）单相三孔插座面对插座的右孔与相线连接，左孔与零线连接，见图6-4。

（3）单相三孔、三相四孔及三相五孔插座的接地（PE）或接零（PEN）线在上孔。插座的接地端子不与零线端子连接。同一场所的三相插座接线的相序一致。

（4）接地（PE）或接零（PEN）线在插座间不串联连接。

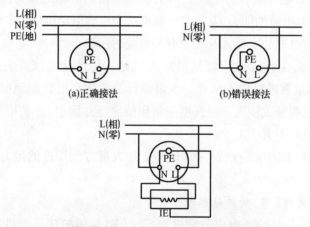

图6-4 单相三孔电源插座接线方法

二、电梯控制柜（屏、箱）的安装

电梯控制柜（屏、箱）是电梯电气控制系统的主要部件，由柜（屏、箱）体和各种电器元件组成，用来实现电梯的控制程序。控制柜（屏、箱）中装配的各种电器元件，用于不同型号、规格的电梯，其数量和规格主要与电梯的额定速度、额定载重、停层站数、控制方式等参数有关。

1. 控制柜（屏、箱）的安装要求 控制柜（屏、箱）由电梯制造厂商组装调试后运送到现场，在现场进行整体安装。

（1）有机房电梯控制柜（屏、箱）的安装。当无设计要求时,其安装要求如下:

①电梯控制柜（屏、箱）的安装应根据机房的实际尺寸来确定,布置合理,方便维修,安装位置应尽量远离门、窗,其与门、窗的正面距离不宜小于600mm。

②电梯控制柜（屏、箱）的维修侧与墙壁的距离不宜小于600mm,其封闭侧不宜小于50mm。

③双面维修的电梯控制柜（屏、箱）成排安装,当其宽度超过5m时,两端应留有出入通道,通道宽度不宜小于600mm。

④电梯控制柜（屏、箱）与机械设备的安全距离不宜小于500mm。

⑤电梯控制柜（屏、箱）前应至少有一块净空面积:深度不小于0.7m;宽度为0.5m或柜、屏的全宽,取两者中的大者。

⑥为了对运动部件进行维修和检查,在必要的地点以及需要手动紧急操作的地方,应该有一块不小于0.5m×0.6m的水平净空面积。

⑦电梯控制柜（屏、箱）应安装并固定在金属型钢底座或混凝土基础上,基础应高出地面50～100mm,安装时应用镀锌或经过防腐处理过的螺栓固定,螺栓应从下往上穿,螺母、垫圈和紧固件应齐全,不得用电焊或氧气熔焊等方式进行连接固定;底座周边空档和缝隙应封闭,其垂直度偏差不大于1.5‰～3‰。电梯控制箱可直接安装固定在机房墙面上。

⑧电梯控制柜（屏、箱）的出线管口的高度应不小于100mm。

（2）无机房电梯控制柜（屏、箱）的安装。

①根据产品设计要求安装在电梯层门外,或安装在电梯井道顶层或地面层(不宜安装在地面基线以下)。

②安装布局和有机房电梯有所区别,但技术、安全要求是同等的。

2. 电梯控制柜（屏、箱）的接地保护

（1）电梯控制柜（屏、箱）内应分别设置零线（N）和保护接地线（PE）,且分别经汇流排接线后汇出,汇流排上同一接线端的导线连接不多于2根,且有固定的防松装置。

（2）电梯控制柜（屏、箱）可开启的金属门和框架必须可靠接地,接地端子间应用裸编织铜带连接;电梯控制柜（屏、箱）的金属底座也必须可靠接地,接地端子应有标识。

（3）电梯控制柜（屏、箱）内的各种电器元件应保持完好无损,熔断器的熔芯规格应符合使用要求,不得用铜丝替代。

3. 示意图

（1）电梯控制柜（屏、箱）的底座示意图（图6-5）。

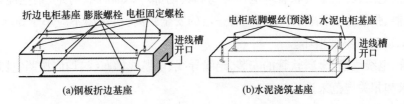

图6-5　控制柜（屏、箱）底座示意图

（2）电梯控制柜示意图（图6-6）。

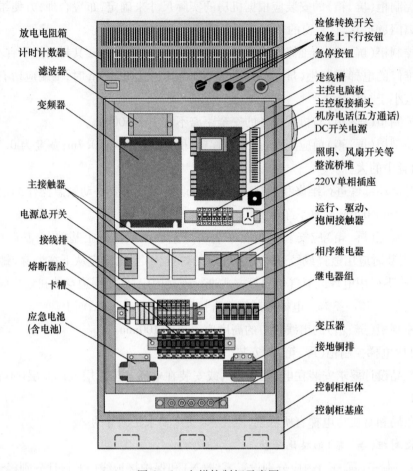

图6-6　电梯控制柜示意图

三、电线导管、电线线槽、金属软管的安装和布线

电梯供电和控制线路是通过电线导管、电线线槽、金属软管、绝缘导线、电缆线等输送到机房、井道和轿厢的。机房、井道和轿厢应按产品要求配线，软线和无护套电缆应在电线导管、电线线槽或能确保起到等效防护作用的装置中使用，但不得明敷于地面，严禁使用可燃性材料制成的电线导管和电线线槽。

电线导管、电线线槽、金属软管与电梯运动和转动部件，如轿厢、对重、钢丝绳、层门、电缆、电动机、限速器、张紧轮、轿顶轮等之间应有一定的安全距离：机房内不应小于50mm；井道内不应小于20mm，以确保不被损坏。

电线导管、电线线槽、金属软管的安装，绝缘导线、电缆线的布线，均应按照电梯制造厂商提供的技术要求和相关规范来进行施工。

1. 电线导管的安装和布线

（1）电线导管安装。当无设计要求时，其安装要求如下：

①机房和井道的电线导管安装时应做到布置合理、排列整齐、安装牢固、无破损;安装后应横平竖直,其水平和垂直偏差应符合:机房内不应大于2‰,井道内不应大于5‰、全长最大偏差不应大于20mm的要求。

②机房和井道内明敷的金属电线导管,安装在墙面上时,应采用与电线导管规格相吻合的专用管卡、膨胀管、螺钉进行固定,不允许用塞木楔的方式来固定管卡。每根电线导管的固定点不少于2点,固定点间距均匀,安装牢固;在终端、转角处、接头处、接线箱(盒)、电源开关柜(箱)电梯控制柜(屏、箱)等边缘距离150~500mm的范围内,应设有管卡。

③直线段管卡间最大距离应符合表6-3中的规定:

表6-3　直线段管卡间最大距离列表

敷设方式	导管种类	导管直径(mm)				
		15~20	25~32	32~40	50~65	65以上
		管卡间最大距离(m)				
支架或沿墙明敷	壁厚≥2mm刚性钢导管	1.5	2.0	2.5	2.5	3.5
	壁厚≤2mm刚性钢导管	1.0	1.5	2.0	—	—
	刚性绝缘导管	1.0	1.5	1.5	2.0	2.0

④机房和井道内暗敷的电线导管在墙体上剔槽埋设时,应采用强度等级不小于M10的水泥沙浆抹面保护,保护层厚度大于15mm。

⑤金属电线导管连接时应采用下列方法:

a. 直线段连接的电线导管连接前,应将电线导管接头处用专用工具套(攻)螺纹,然后用与电线导管规格相吻合的专用接头或分线盒等进行螺纹连接固定。电线导管管口应加防护措施。

b. 呈T形连接的电线导管连接前,应将电线导管接头处用专用工具套(攻)螺纹,然后用与电线导管规格相吻合的专用T形接头或分线盒等进行螺纹连接固定。电线导管管口应加防护措施。

c. 转弯处连接的电线导管连接前,应将电线导管接头处用专用工具套(攻)螺纹,然后用与电线导管规格相吻合的专用弯头进行螺纹连接固定;当90°弯头连续达到3个或以上时,应考虑设置接线箱(盒),以方便穿导线。电线导管管口应加防护措施。

d. 电线导管与电线线槽、接线箱(盒)等处连接前,应将电线导管接头处用专用工具套(攻)螺纹,当电线导管穿入电线线槽、接线箱(盒)时用锁紧螺母将其(双面)锁紧固定,管口露出的高度宜5~8mm,管口露出的丝扣宜2~4扣。电线导管管口应加防护措施(图6-7)。

⑥当金属电线导管需要切割或弯曲时,应采用机械方式进行处理加工,严禁采用电焊、氧气熔焊等方式进行切割和弯曲。

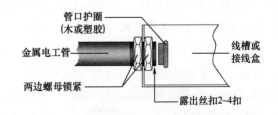

图6-7　金属电工管穿入线槽、接线箱(盒)连接方法

⑦金属电线导管需要直接弯曲时,应采用专用工具进行弯曲,弯曲后的电线导管外部不应有扁瘪、破裂、变形等机械性损伤。弯扁程度不大于管外径的10%,弯曲半径不小于电线导管外径的6倍,垂直弯曲夹角不应小于90°。

⑧垂直不靠墙和悬空的电线导管安装前,应做一定高度的支架来固定,支架间距不大于2m。

⑨金属电线导管不允许直接焊接在支架或设备上,当电梯设备表面上有明配的金属电线导管时,其应随设备外形敷设,还需有防振动和摆动措施,并应安装牢固,平整美观。

⑩金属电线导管严禁对口熔焊连接,镀锌和壁厚不大于2mm的钢导管不得套管熔焊连接。

⑪非金属电线导管敷设安装时应做到布置合理、排列整齐、安装牢固、无破损、管口平整光滑;管与管、管与盒(箱)等器件采用插入法连接时,连接处结合面涂专用胶合剂,接口密封牢固;安装后应横平竖直;固定点间距均匀,其间距不大于3m。非金属电线导管不宜直接敷设安装在地面上。

⑫所有电线导管,在建筑物变形缝处应设补偿装置。

(2)电线导管布线。

①三相或单相交流单芯电线、电缆,不得单独穿于钢导管内。

②爆炸危险环境照明线路的电线和电缆额定电压不得低于750V,且电线必须穿于钢导管内。

③导线、电缆穿管前,应先清除电线导管管口的毛刺、管内杂物和积水,并套上管护口,防止穿拉电线时管口刮破电线绝缘层。检查电线导管连接、管卡安装是否牢固。

④导线、电缆穿管前,应预先穿一根约1.5mm的钢丝,以方便穿导线或电缆。将钢丝与所要穿入的导线或电缆可靠连接后,一边抽拉钢丝,一边将导线或电缆送入管内。穿管时不能生拉硬拽,以免拉断导线或电缆的线芯。

⑤穿入导线或电缆后,电线管管口应有保护措施;不进入接线盒(箱)的垂直管口穿入电线、电缆后,管口应密封。

⑥不同回路、不同电压等级和交流与直流的电线,不应穿于同一导管内;同一交流回路的电线应穿于同一金属导管内,且管内电线不得有接头。动力回路和控制回路的导线应分开敷设,微信号线路或电子线路应按产品设计要求采用屏蔽线单独布线,并采取防干扰措施。

⑦敷设于电线导管内的导线总截面积(包括绝缘层)不应大于电线导管内净截面积的40%;电线导管配线时宜留有10%左右的备用线,其长度应与盒(箱)内最长的导线相同。

2. 电线线槽的安装和布线

(1)电线线槽安装。

①机房和井道的电线线槽安装应做到布置合理、排列整齐、槽口平整光滑、接口严密、槽盖齐全、所有电线线槽盖板需固定在线槽上,无翘角、无破损;安装后应横平竖直,其水平和垂直偏差应符合:机房内不应大于2‰,井道内不应大于5‰,全长最大偏差不应大于20mm。

②机房和井道内明敷的电线线槽安装在墙面或地坪面上时,每根电线线槽底面固定点不少于2点,安装牢固;并列安装的线槽应留有一定宽度的缝隙,以方便线槽盖板的开启。

③垂直不靠墙和悬空的电线线槽安装前,应做一定高度的支架来固定,支架间距不大于2m。

④直线段连接的金属电线线槽应用专用的连接板和固定防松装置进行连接;成T形或转角处连接的电线线槽,应用专用的连接装置和固定防松装置进行连接。金属电线线槽严禁对口熔焊连接。

⑤金属电线线槽连接时,连接螺栓应由内向外穿,所有连接用的紧固件螺帽及防松装置,应安装在电线线槽的外侧表面。

⑥当金属电线线槽需要切割或开孔时,应采用机械方式进行处理加工,严禁采用电焊、氧气熔焊等方式进行切割和开孔。

⑦金属电线线槽需直接弯曲时,在转角处应形成45°斜口对接,垂直弯曲夹角不应小于90°,接口应严密、平整美观;弯曲后的电线线槽外部不应有扁瘪、破裂、变形等机械性损伤。

⑧非金属电线线槽敷设安装时应做到布置合理、排列整齐、槽口平整光滑;槽与槽、槽与盒(箱)等器件采用插入法连接时,连接处结合面涂专用胶合剂,接口牢固严密、槽盖齐全、安装牢固、无破损;安装后应横平竖直,每根电线线槽底面固定点不少于2点。非金属电线线槽不宜直接敷设安装在地面上。

⑨所有电线线槽,在建筑物变形缝处应设补偿装置。

(2)电线线槽布线。

①导线、电缆敷设前应先清除电线线槽口、连接转角处的毛刺、线槽内的杂物和积水;穿入导线或电缆的电线线槽出入口、连接转角处应有保护措施;电线线槽出入口两端和中间缺口部位应封闭。

②同一回路的相线和零线,敷设于同一金属线槽内。

③同一电源的不同回路无抗干扰要求的线路可敷设于同一线槽内;敷设于同一线槽内有抗干扰要求的线路用隔板隔离,或采用屏蔽电线且屏蔽护套一端接地。

④导线和电缆在电线线槽内有一定余量,不得有接头,导线和电缆按回路编号分段绑扎,绑扎点间距不应大于0.5m。

⑤敷设于电线线槽内的导线总截面积(包括绝缘层)不应大于电线线槽内净截面积的60%;电线线槽配线时宜留有10%左右的备用线,其长度应与盒(箱)内最长的导线相同。

⑥电线线槽转角处保护见图6-8。

3. 金属软管的安装

(1)电线导管、电线线槽所引出的不易受机械损伤的分支线路可采用金属软管连接,金属软管的敷设安装长度不应大于2m,可用于电梯机房、井道、轿厢(顶、底)、底坑等处。

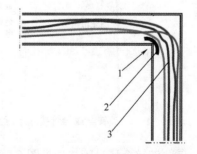

图6-8　电线线槽转角处保护示意图
1—线槽拐角　2—橡胶保护　3—电线

（2）金属软管安装时，不应有扁瘪、松散、断裂、变形等机械性损伤，其敷设安装应布置合理、排列整齐、安装牢固、固定点均匀，固定点间距不应大于 0.5～1m；转角处两端应有固定点，弯曲半径不小于金属软管外径的 4 倍，不固定端头长度应≤0.1m。

（3）金属软管固定在墙面上时，要用和其管外径相符的管卡固定，管卡要用膨胀管、螺钉进行固定，不允许用塞木楔的方式来固定管卡。当固定在金属底面上时，需用相应的管卡、紧固件或自攻螺钉来固定。

（4）金属软管不允许直接焊接在支架或设备上，当电梯设备表面上有明配的金属软管时，其应随设备外形敷设，还需有防振动和摆动措施，并应安装牢固，平整美观。

（5）金属软管与设备、箱、盒、槽连接时，应用专用的管接头进行连接，两端进、出线口应有防护措施。悬挂部位的金属软管长度不宜大于 0.8m，两端固定、安装牢固、平整美观，与设备和器具之间不得碰撞和摩擦。金属软管不应直接敷设安装在地面上。

4.电线导管、电线线槽、金属软管的接地保护

（1）所有电气设备及导管、线槽的外露可导电部分均必须可靠接地（PE）。

①镀锌的钢导管、可挠性导管和金属线槽不得熔焊跨接接地线，以专用接地卡跨接的两卡间连线应是黄绿相间双色绝缘铜芯导线。

②当非镀锌钢导管采用螺纹连接时，连接处的两端可熔焊跨接接地体（直径≥5mm 的金属导体）；当镀锌钢导管采用螺纹连接时，连接处的两端可用专用接地卡固定跨接接地线。金属电线导管不作设备的接地导体。

③金属线槽不作设备的接地导体，当设计无要求时，金属线槽全长不少于 2 处与接地（PE）干线连接。

④非镀锌金属线槽间连接板的两端跨接铜芯接地线的以及镀锌金属线槽间连接板的两端不跨接接地线的，连接板两端应有不少于 2 个的防松螺帽或防松垫圈的连接固定螺栓。

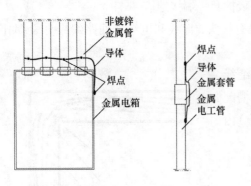

图 6-9 非镀锌金属导管接地示意图

⑤金属软管外壳应有一定的机械强度，但其不得作为电气设备的接地导体，金属软管内电线电压大于 36V 时，要用≥1.5mm² 的黄绿相间双色绝缘铜芯导线焊接保护接地线，与接地体连接。当采用塑包金属软管外壳时，可不作接地保护。

⑥对金属电线导管、金属电线槽，可将每根导管、每节线槽作为整体，用一个接地支线（设备）分别与接地干线的接线端进行连接，但每根导管、每节线槽之间必须有可靠的机械连接。

⑦非镀锌金属导管接地见图 6-9。

（2）接地支线应分别直接接至接地干线接线柱上，不得互相连接后再接地。

①每台电梯进线时，保护地线（PE）应直接接入接地总汇流排上，不得通过其他设备再接入接地汇流排上。

②每台电梯保护地线(PE)的每一回路支线都应从电梯控制柜(屏、箱)内的接地汇流排引出,成为一个独立系统,互不干扰。保护地线(PE)严禁通过设备串联连接。

③接地干线接线端应有明显的接地标识,每个接线端上不要超过2根接线。

④接地线宜采用单股或多股铜芯导线,多股铜芯导线应配有合适的铜接头,搪锡后再压接;接地线连接时应有固定防松装置,连接后应无松动、脱落、断线等现象。

⑤每个接地支线应直接接在接地干线接线柱上,见图6-10正确接法示例。

⑥接地支线(设备)之间不得互相串联后再与接地干线连接,见图6-11错误接法示例。

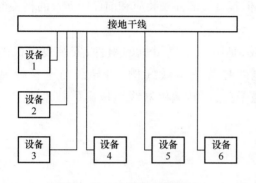

图6-10　正确接地法示例

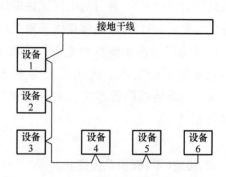

图6-11　错误接地法示例

(3)保护地线(PE)的截面积应符合下列要求:

①电梯接地线截面积应符合电梯设备的使用要求,接地线应用铜芯线,其截面积不应小于相线的1/3,但最小截面积应不小于4mm²。

②相线截面积在16mm²及以下时,保护地线(PE)截面积应与相应相线截面积相等。

③相线截面积在16~35mm²时,保护地线(PE)截面积为16mm²。

④相线截面积在大于35mm²时,保护地线(PE)截面积应为相应相线截面积的1/2。

四、导线的连接

(1)电梯电气装置配置的导线,应使用额定电压不小于500V的绝缘铜芯导线。

(2)导线与电源开关柜(箱),电梯控制柜(屏、箱)等设备连接前,应将导线沿接线端子方向梳理整齐、顺序绑扎成束,每一根导线的两端应有明确的接线编号或标识,方便查线和维修。

(3)所有多股铜芯导线连接接线端子或设备时,应将多股导线铜芯搪锡,用专用工具将导线与其相匹配的铜接头进行压接,不得将多股导线铜芯剪断而减少其截面积,影响和危害导线、电梯设备及电气部件的使用。所有导线连接时,应有防松装置。

(4)所有单股铜芯导线连接接线端子或设备时,应将单股导线做成圆圈后进行连接。所有导线连接时,应有防松装置。

(5)导线与三相电源、单相电源接线端子连接部位应有明显标识,三相电源线的接线顺序应正确无误,接线端部位应有足够的安全防护;导线与中性线连接部位应有明显标识(N);导线与保护接地线连接部位应有明显标识(PE)。

(6)黄绿相间双色绝缘铜芯导线是保护接地(PE)专用线,严禁将保护接地线接入开关或熔断器上,严禁将保护接地线作为电源线使用。

五、其他电气部件的安装

机房内的曳引机(电动机)、制动器(线圈)、限速器(开关)、上行超速保护装置(开关)等在机械部件中已安装完成,电气安装人员只要将电线导管、电线线槽、金属软管安装到位,将导线穿入其中,并分别接入各自的电气部件中即可。但其电气部件安装应和前面所涉及的相关电气部件安装要求一致,并应确保接线正确无误。

旋转编码器由光栅盘和光电检测装置组成,是附属于曳引机的组件,安装曳引机的同时也就安装了此装置。现场需要单独排列电线导管或电线线槽,将导线与电梯控制柜(屏、箱)和旋转编码器连接起来。为预防电磁干扰,旋转编码器线缆按出厂技术要求需采取屏蔽措施。

六、接地(零)保护系统简介

在我国的低压供电系统中,为防止间接触电事故的发生,通常采用的防护措施是:将电气设备的外露导电部分与供电系统变压器的中性点进行电气连接。连接方式有两种:一是将电气设备的金属外壳或支架与接地装置用导体作良好的电气连接,称为"接地"(PE);二是将电气设备的金属外壳或支架直接用导线与零线连接,称为"接零"(PEN)。此两种连接方式统称为 TN 系统,其中,"T"表示供电系统变压器副边的中性点直接接地,"N"表示电气设备的金属外壳接零,故这种连接系统又称为保护接零。

1. TN 系统的分类 根据中性线与保护线的组合方式,TN 系统可分为:TN—S 系统、TN—C、TN—C—S 三种形式。

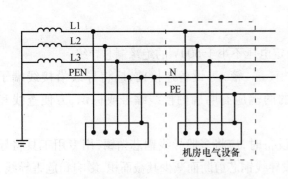

图 6 - 12　TN—S 系统接线示意图

(1)TN—S 系统(图 6 - 12)。该系统称为三相五线制,提供的是 L1、L2、L3、N、PE,接地保护。在整个系统中,零线(N)与保护地线(PE)始终是分开的。该系统在正常状态下,保护地线(PE)不会呈现电流,因此设备的外露可导电部分也不会形成对地电压。其特点是比较安全,并具有较强的电磁适应性,适用于数据处理、精密检测装置等供电系统,应用在许多民用建筑、设备的接地保护中。由于该系统的接地保护安全可靠,能够满足电梯设备的电气保护要求,因此,电梯设备应采用该接地保护系统。

(2)TN—C 系统(图 6 - 13)。该系统称为三相四线制,提供的是 L1、L2、L3、PEN,接零保护。在整个系统中,零线(N)与保护地线(PE)是共用的,所以通常适用于三相负荷比较平衡且单相负荷容量比较小的场所。其特点是价格便宜且省材料,应用广泛。但该系统在不正常状态下,当三相负荷不平衡或只有单相负荷时,PEN 线上易产生电流,其结果将极易产生事故,因此,电梯设备不宜采用该接零保护系统。

(3)TN—C—S 系统(见图 6-14)。该系统是三相四线向三相五线过渡的一种系统,实质提供的也是 L1、L2、L3、N、PE、PEN,在整个系统中,有部分零线(N)与保护地线(PE)是分开的。这种系统兼有 TN—C 系统的价格便宜和 TN—S 系统的比较安全,且电磁适应性较强的特点。当电梯供电电源引入机房后,在电梯总电源开关处应将 PEN 线分开,一根定为 N 线(只能作为单相电源回路线),一根定为 PE 线(此线可反复与大地连接),该分离处 PE 点的接地电阻值不应大于 4Ω。引入电梯控制柜(屏、箱)内的 N 线和 PE 线应始终分开,不得互相再连接。PE 线应确保无论在任何情况下都不能断开,根据电气设计要求,在机房电源进线处设置重复接地。

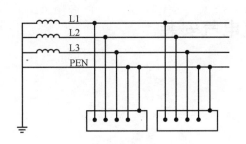

图 6-13 TN—C 系统接线示意图

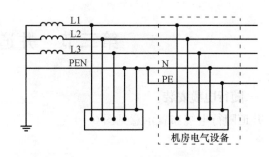

图 6-14 TN—C—S 系统接线示意图

2. 适用于电梯的保护系统及使用注意事项 电梯供电系统一般采用三相五线制供电,若是用三相四线制供电,则要使用 TN—C—S 系统对电梯设备进行保护,这样才能达到 GB 7588—2003《电梯制造与安装安全规范》13.1.5 条款中所规定的电气保护原则——"零线和接地线应始终分开"。

(1)在电梯电源保护系统中,采用的电气安全保护设备有过流保护开关、熔断器、断路器(空气开关)等装置,对电气设备和人员进行安全保护。

(2)当电梯电气设备与金属电线导管、金属电线线槽、控制柜、曳引电动机、轿厢等外露可导电部位外壳有可靠且有效接地保护后,才能及时有效地保护人身和设备安全。

(3)在电梯供电系统中不允许同时采用两种保护方式,即接地保护和接零保护。

(4)保护地线(PE)应确保无论在任何情况下都不能断开。

(5)在采用三相四线供电的接零保护系统中,严禁将电梯设备单独接地。

(6)供电系统中对电气设备的保护方式,是根据合同约定和电气设计要求来配置的。

(7)TN—C—S 系统 N 线与 PE 线接线见图 6-15。

(8)电梯电气部件接地见图 6-16。

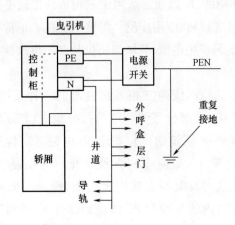

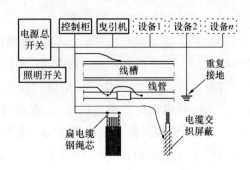

图 6 – 15   TN—C—S 系统 N 线与 PE 线接线示意图   图 6 – 16   电梯电气部件接地示意图

第三节   井道电气安装

一、随行电缆安装

井道随行电缆布置示意见图 6 – 17。

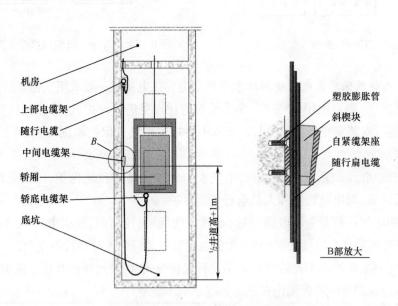

图 6 – 17   井道随行电缆布置示意图

（1）在安装悬挂随行电缆前，应根据装箱清单或其他技术资料认真仔细地计算每根电缆的实际长度：机房、井道总高度、轿厢底预留的悬挂弧度、轿厢高度、宽裕度等，并到实地测量、计算、核实后，再确定每根电缆的实际长度，然后截取电缆。

（2）在机房地坪面至井道电缆孔下方离墙约 25mm 处，放一根铅垂线至井道中间部位 1/2 处，或用墨斗线弹一根垂直线至井道中间部位 1/2 处，随后在井道电缆孔下方约 200mm 处安装一个电缆固定支架，在井道中间部位 1/2 往上 1m 处，沿垂直线部位，再安装一个电缆固定支架，用膨胀螺栓将电缆支架固定在井道壁上。沿电缆垂直方向的轿厢一侧底部适当位置，也要安装一个电缆固定支架，所有电缆固定支架安装位置要正确、牢固。

（3）随行电缆目前以扁形电缆为主（老旧电梯以圆形为主）。随行电缆在进入接线箱前，应留有适当敷设长度，当轿厢出现冲顶或蹾底时，随行电缆不应受力拉紧而断裂，当轿厢墩底缓冲器压缩后，随行电缆底面距底坑地面还应有 100~200mm 的距离。电梯正常运行时，随行电缆不得与井道内任何部件和物体碰撞摩擦，其底部不得拖曳底坑地面。

（4）电缆端部、中间部位应可靠固定在电缆支架上，对于提升高度较大的井道，随行电缆自重量较重，应使用配有内置钢丝绳的电缆，在悬挂电缆时将两根钢丝绳头抽出，专门吊挂，使电缆自重由电缆的钢丝绳分担，不致将电缆拉断。

（5）扁形随行电缆端部应使用楔形插座或卡子固定在井道壁、轿底电缆架上。扁形电缆可重叠安装，重叠数量不宜超过 3 根，每两根电缆间应保持 30~50mm 的活动间距。多根电缆安装时，至轿厢底部电缆架后，其剩余部分分别进入轿厢顶部接线箱、轿厢操纵箱、轿厢底部接线箱。

二、轿厢电气部件安装

轿厢电气部件安装分三部分：轿顶、轿厢内和轿底。这些电气部件，主要是和机房里的电梯控制柜（屏、箱）中的相关电气部件连接成一体，来共同完成电梯的各种运行指令。

1. 轿顶电气部件安装

（1）自动开关门机构。电梯的自动开关门机构由机械部件和电气部件组成，整个自动开关门机构在出厂前已装配完成，现场只要将自动开关门机构整体按图纸规定位置安装固定、接线、调整好即可。目前，常见使用的自动开关门机构电气控制有三种形式。

①直流调压调速及连杆传动开关门机构。采用电阻分压方法，通过调节分压电阻阻值和多级行程开关位置，对直流电动机电枢电压进行设定和调整。采用与皮带轮同轴圆弧凸轮开关或门扇上的撞弓触及行程开关，切换电阻阻值，对直流（自动开关门）电动机的运行速度进行控制。由于直流电动机调压调速性能好，换向简单方便等特点，至今仍被采用。按开门方式分为中分式和双折式两种，一般通过皮带轮减速及连杆机构传动来实现自动开关门。

②交流调频调压调速驱动及同步齿形带传动开关门机构。采用交流调频调压调速（VVVF）技术，通过参数的设置，对交流电动机的转速进行控制。由于利用同步齿形带进行直接传动，减去了复杂的连杆机构，提高了开关门机构功率、传动精度和运行可靠性，是目前使用的一种较先进的自动开关门机构。

③永磁同步电动机驱动及同步齿形带传动开关门机构。采用永磁同步电动机直接驱动开关门机构，使用同步齿形带直接传动。这种自动开关门机构具有低功率、高效率、体积小的特点，目前使用比较普遍。

安装、设定、调整好的轿厢自动开关门机构运行应灵活平稳,当轿厢自动开关门门刀机构带动层门门锁滚轮,打开锁钩,层门被打开,随着设定的开门时间结束,并且门光幕未被阻挡(或门触板未被触及),没有重开门信号时,轿门、层门即行关闭,完成了一个开、关门周期。

(2)轿顶检修箱。将轿顶检修箱(图6-18)安装固定在轿厢顶部上梁指定的位置,以方便电梯检修人员安全、可靠地操作检修电梯。轿顶检修箱上必须设置电梯停止(急停)按钮,该按钮是非自动复位装置,且有红色标记。将电缆线引入检修箱内,按接线图要求,分别将电缆线连接到相应的电器元件上,并将电缆线整理固定好,盖上检修箱面板。检修箱面板的固定方式为螺钉固定,固定好的检修箱面板应平整、无翘曲、松动现象。电梯检修运行前,应检查轿顶优先功能。

(3)安全钳开关。安全钳开关需安装牢固,安装位置和接线应准确无误。当限速器动作时,带动安全钳联动机构,同时使安全钳开关动作,切断安全回路,电梯应停止运行,见图6-19。

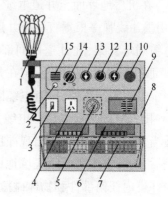

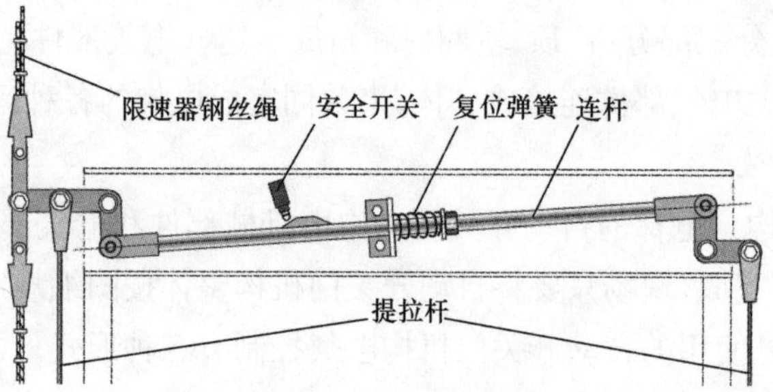

图6-18　轿顶检修箱示意图
1—轿顶行灯　2—通话按钮　3—照明开关
4—三孔插座　5—语音报站(选项)
6—轿顶控板　7—接线排　8—检修箱
9—报站钟　10—安全开关　11—检修上行按钮
12—安全钮　13—检修下行按钮
14—检修转换开关　15—对讲机

限速器钢丝绳　安全开关　复位弹簧　连杆

提拉杆

图6-19　安全钳开关安装示意图

(4)轿厢平层装置。轿厢平层装置一般由U形永磁式干簧管传感器(图6-20)、隔磁板两部分组成,或由U形光电开关(图6-21)、隔光插板两部分组成。

其工作原理比较简单,当隔磁板插入干簧管传感器的凹口时,隔磁板隔断磁铁产生的磁场,干簧管的常闭点接通,以此控制相关线路使电梯自动平层停靠。或隔光插板插入光电开关的凹口时,阻断光路,令原先继电器开路(或接通)使电梯进入自动平层过程。

(5)轿顶上布线作业。轿顶检修箱、金属导管(软管)、线槽安装要牢固,接地完善。电缆线要排列整齐,绑扎固定牢靠。所有进入轿厢里的导线,必须有安全可靠的防护措施,不得有破损漏电现象。

①轿厢顶检修箱安装示意图见图6-22。

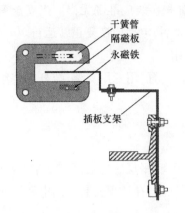

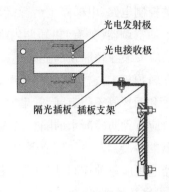

图 6－20　干簧管传感器工作示意图　　　　图6－21　U形光电开关工作示意图

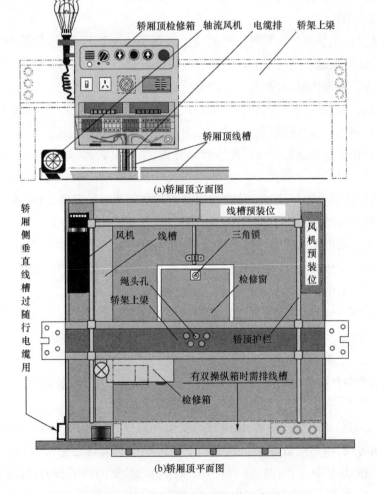

(a)轿厢顶立面图

(b)轿厢顶平面图

图 6－22　轿厢顶检修箱安装示意图

②轿顶安全窗(如有)开关需安装牢固,安装位置和接线应准确无误。当安全窗开启后,切断安全窗开关控制电路,电梯停止运行;当安全窗关闭后,电梯应恢复正常运行。

③轿顶上的空调器(如有)供轿厢内降温通风使用。

a. 空调器应安装在轿厢顶部上梁左右两侧的适当位置,用专用支架、拉杆安装牢固,不得将其直接安装在轿顶板上,避免震动和噪声。

b. 出风管和回风管不得有断裂、扁瘪、破损现象。

c. 出风口应有预防冷凝水的隔热措施。

d. 空调器的冷凝器与平层感应器要相隔一定的距离,平层感应器固定支架上贴保温棉。

e. 空调器电源应单独控制,用电缆从机房引到轿顶上,在轿顶安装专用电源插座,向空调器供电,并应有可靠接地线连接。

f. 在轿厢适当位置安装温度显示器。

(6)轿厢称量装置。当轿厢超过额定载重时,轿厢内的操纵箱上会发出声、光、字幕等警告信号,不关门不启动,提醒电梯驾驶人员或乘梯人员的注意。称量装置分为:机械式、橡胶块式、荷重传感器式和电子式。

①轿顶机械式称量装置。该装置以压缩绳头板弹簧为称量元件,结构简单,动作灵活。当电梯轿厢超过设定的额定负载时,超载装置的杠杆触动超载开关,发出超载信号,电梯不能关门启动;当负载减少到额定值时,超载开关自动复位,电梯恢复正常运行。

②轿顶橡胶块式称量装置。该装置以橡胶块为称量元件,结构简单,灵敏度高。四个橡胶块装在上梁下面,绳头板反压橡胶块,当电梯轿厢达到设定的满载或超过110%额定负载时,橡胶块被压缩,相对位移量将触发不同高度的微动开关,会发出满载、超载信号,达到控制电梯运行的目的。

③轿顶荷重传感器式称量装置。该装置以荷重传感器为称量元件,荷重传感器多为应变式结构,由四只电阻应变器构成一个桥路,四只电阻传感器安装在轿厢顶部,具有清零和数字显示功能,具有较高的灵敏度和精度。当传感器受重力作用时,产生与被测重力成比例的线性电压信号,四通道信号经合成放大,与电压比较器预置电压进行比较后,产生输出信号,该信号再经功率放大,便可实现对电梯在满载或超载状态下的控制。

④轿顶电子式称量装置。该装置以差动变压器为称量元件。当轿厢负载增加后差动变压器输出电压发生变化,当负载量达到设定值时,控制系统发出满载、超载信号,达到控制电梯运行的目的。

2. 轿厢内电气部件安装　轿厢内电气部件包括:操纵箱、无障碍装置、照明灯、通风装置和轿厢门安全保护装置。

(1)操纵箱一般位于轿厢内两侧,供电梯驾驶员和乘梯人员使用。操纵箱装置内的电器元件与电梯的控制方式、停站层数有关。操纵箱上装配的电器元件主要有:选层按钮,开关门按钮,上、下运行按钮,层楼显示器,暗盒(若有)内或用钥匙控制的照明开关、风扇开关、电梯运行方式转换开关等。其主要作用是发送轿厢指令、控制电梯的运行,见图6-23和图6-24。

将操纵箱固定在指定的轿厢壁板上,将电缆线引入到操纵箱内,按接线图要求,分别将电缆线连接到相应的电器元件上,并将电缆线整理固定好,盖上操纵箱面板。

操纵箱面板的固定方式分为螺钉固定和搭扣夹固定,不管采用何种方式固定,固定好的操纵箱面板部应平整、无翘曲、松动现象;操纵箱面板和轿厢壁板接合处应严密,无明显间隙,无明显垂直偏差。操纵箱上的暗盒(若有)应装锁,供电梯驾驶员和电梯维修人员使用。

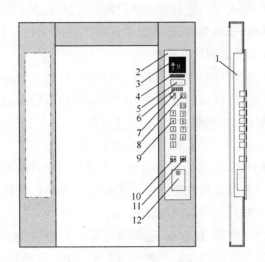

图 6 – 23 电梯轿厢内操纵箱示意图

1—箱体 2—操纵箱面板 3—楼层显示

4—应急照明发光体 5—电梯铭牌 6—对讲孔

7—通话按钮 8—警铃按钮 9—楼层指令按钮

10—开门按钮 11—关门按钮 12—暗盒

图 6 – 24 操纵箱 LC(E)D 显示示意图

(2)根据电梯轿厢无障碍设计配置要求,电梯(部分)轿厢内还应装设带盲文按钮的低位操纵箱,或轿内数字组合式键盘。低位操纵箱一般装设于轿厢内侧边,距轿厢底面高度 900 ~ 1100mm,供残障人员乘电梯使用(图 6 – 25)。

低位操纵箱上装配的电器元件主要有:

①层楼(带盲文)按钮、开关门按钮、报警按钮(浮雕式见图 6 – 23)。

②电梯专用语音报站器也是轿厢无障碍设计配置的一个装置,一般安装在轿厢顶部的某个合适位置。根据设计程序还可报电梯运行方向、电梯超载等信息,并可用多种国家语言进行播报。

图 6 – 25 带盲文按钮图示

③照明灯一般采用交流 220V 电源,在轿厢内的装饰顶上装两盏日光灯或射灯或其他照明装置。其电源应由机房控制。目前从节能绿色环保角度考虑,较多采用 LED 发光体,从发光亮度上也已能满足相关规定的要求。

④轿厢顶上的风扇。其安装位置有多种设计。轿厢顶上的轴流式风机,设计时已考虑隔震设施,安装时不能遗漏,并可靠接地。其电源应由机房控制,从节能出发,大都已与轿内照明一

起实现智能控制,即电梯停驶10s(可调)后,风扇、照明自动关闭,一旦有外召唤信号进来,立即恢复照明与风扇的工作。

(3)轿厢门安全保护装置有六种类型:安全触板保护装置、双触板与光电保护装置、红外线光幕式保护装置、电磁感应式保护装置、超声波式保护装置和触板与光幕保护装置,其主要功能是保护乘梯人员进出轿厢时的安全。轿厢门的安全保护装置是轿门的附属组件,在安装轿门的同时可安装其安全保护装置,安装位置要准确,安装要牢固,接线要正确,安装后要进行校准、调整,使每一种类型的轿厢门安全保护装置都能够起到应有的作用。

①安全触板保护装置。该装置由触板、控制杆和微动开关组成。触板宽度为35mm,最大推动行程为30mm,一般安装在轿门的边缘,当正在关门过程中,此时,如果轿门触板的边缘碰撞到乘梯人员的身体或物体时,控制杆带动安全触板联动机构,装在安全触板两端底板上的微动开关会立即动作,通过控制电路使门机反向运行,于是轿门带动层门重新开门。

②双触板与光电保护装置。该装置由触板和光电传感器组成。在轿门的左右两侧分别安装一个发光器和接收器,发出不可见光束,当乘梯人员或物体进入光束照射范围时,接收器会发出信号,通过控制电路使门机反向运行,于是轿门带动层门重新开门。

③红外线光幕式式保护装置。该装置由发射器、接收器、电源和电缆组成,光幕是由单片计算机(CPU)等构成的非接触式安全保护装置。在轿门左右两侧分别安装一个发射器和接收器,用红外发光体发射出若干红外光束,对轿厢门进出口空间,从上到下进行周而复始的扫描,在轿厢门进出口空间形成一幅无形的"光幕"。当乘梯人员或物体进入光幕扫描范围时,接收器会发出信号,通过控制电路使门机反向运行,于是轿门带动层门重新开门。

④电磁感应式保护装置。运用磁感应原理,在轿门区域内组成三组磁场,其中任意一组磁场发生变化,都会作为不平衡状态出现。如果三组磁场不相同,则表明轿门区域内有人员或物体,探测器会通过控制电路使门机停止运行,并使其反向运行,于是轿门带动层门重新开门。

⑤超声波式保护装置。利用超声波传感器,在轿门口形成一个50cm×80cm的检测范围,只要在此范围内有乘梯人员或物体通过,超声波就会受到阻尼,并发出信号使轿门打开。如果有人员站在超声波检测范围内,时间超过20s,其功能自动解除,轿门关闭时,超声波恢复其检测功能。

⑥触板与融合光幕保护装置。将发射装置和接收装置置于安全触板内,安装在轿门两侧,使其同时具有光电控制和机械控制双重保护。当乘梯人员或物体进入光幕扫描范围或碰撞到安全触板边缘时,接收器发出信号或微动开关动作,通过控制电路使门机反向运行,于是轿门带动层门重新开门。

3.轿底电气部件 轿底的电气部件主要是满载和超载检测称量装置。

(1)活动轿底电磁式称量装置 该装置采用悬臂框结构,在悬臂连接块下面设有一个压磁变压器,它的原边通入交流电,当铁芯向下移动时,副边感应出电信号,作为满载超载等状态的检测信号。

(2)活动轿底橡胶块式称量装置 该装置采用橡胶块作为称量元件。在轿底托架上均匀分布6~10个橡胶块,利用橡胶块特有的伸缩弹性,来直接反映轿厢载重量的变化。轿底框中间装有两个微动开关,一个在约90%载重时接通,作为满载信号,电梯此时不应答所有层楼的外召唤信号,按照轿厢内指令的第一停靠层楼启动直驶运行;另一个在约110%载重时接通,作为超载信号,此时,切断电梯的控制回路,不能启动运行。碰触微动开关的螺杆直接装在轿厢底部,只要分别调节螺杆的高度,就可调节电梯满载量和超载量的控制范围。

(3)活动轿厢机械式称量装置　该装置在轿厢底盘与轿厢架底盘间,垫以一定数量、按特殊技术要求制作的防震胶垫,使其成为活动轿厢。当轿厢超载量使橡胶垫变形达3mm以上时,装在轿厢架下梁间的超载杠杆,受到固定在活动轿厢底盘上的螺杆作用而动作,断开微动开关使电梯不能启动运行。

以上所有超载装置的作用是:当轿厢超过额定载重时,轿厢内的操纵箱上会发出声、光、字幕(若有)等警告信号,引起电梯驾驶人员和乘梯人员的注意。安装人员一定要根据部件安装要求,安装、调整好这些安全保护装置,确保电梯的安全运行。

轿厢应有良好的接地,当采用电缆芯线作接地线时,不得少于两根,其截面积应大于1.5mm^2。接地线应连接到由电网引入的接地线上,切不能用零线当接地线使用。

第四节　井道层站电气部件安装

一、井道电气部件安装

井道电气部件安装布置见图6-26。

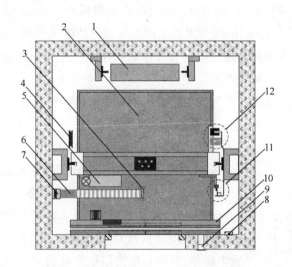

图6-26　井道电气部件安装布置图

1—对重　2—轿厢　3—轿底电缆支架　4—限速器　5—轿顶检修箱　6—随行电缆
7—井道电缆支架　8—井道控制缆　9—外呼盒　10—门机　11—极限开关　12—传感器

井道内的主要电气部件包括各种安全保护开关(减速开关、限位开关、极限开关等)、井道固定照明、底坑检修箱、井道传感器等。

此外还有固定电缆、电线导管、电线线槽、金属软管和井道接线箱(盒)。这些电气部件和机房内的电气部件连成一体,来共同完成电梯的各种运行指令。

1. 井道内各种安全保护开关

(1)减速开关。减速开关安装在井道上、下两端。当轿厢在底层或顶层刚进入平层区域时,安装在轿厢侧边的撞弓触动减速开关,发出信号,强迫电梯进入慢速运行状态,保证在底层或顶层两端达到平层要求。

(2)限位开关。限位开关安装在井道上、下两端。当轿厢在底层或顶层超出平层区域 5 ~ 10cm 时,安装在轿厢侧边的撞弓,触动限位开关,顺向切断电梯控制电源,使电梯停止运行,保证电梯在底层或顶层两端的安全运行。

(3)极限开关。极限开关安装在井道上、下两端。当轿厢在底层或顶层超出平层区域 15 ~ 20cm 时,安装在轿厢侧边的撞弓,触动极限开关,顺向切断电梯主电路,使电梯停止运行,保证电梯在底层或顶层两端的安全运行。

所有开关安装时,应先将开关安装在支架上,然后用压导板将支架固定在轿厢导轨的相应位置上,根据电梯接线图要求,把从机房引入的电缆线连接到开关所对应的接线端子上。开关和支架安装要牢固,接线要正确。

2. 井道固定照明 井道固定照明通常由用户承担安装责任。

(1)井道应设置永久性的固定电气照明,当所有的层门关闭后,在轿顶面以上和底坑面以上 1m 处的照度均至少为 50lx。

(2)井道照明的安装要求是:分别距井道最高点和最低点 500mm 处各安装一盏灯,再设中间灯。对采用透明的部分封闭井道,如果井道附近有足够的电气照明,则井道内可不再设照明。

(3)井道照明的电源应和电梯主电源分开控制。控制开关应分别设置在机房和底坑内,采用双向控制方式,方便检修人员使用。

(4)井道照明的线路、灯座、底座等装置应按规范要求进行安装。

3. 底坑检修箱

(1)底坑检修箱示意图如图 6-27 所示。

(2)为保证电梯检修人员安全进入底坑工作,必须在底坑中安装检修箱,安装的位置应该是检修人员进底坑前和进入底坑后能够方便操作的部位,一般安装在井道内最底层的侧面,当最底层层门打开后,检修人员即可操作的部位。检修箱上必须设置电梯停止按钮,该按钮是非自动复位装置,且有红色标记。将电缆线引入检修箱内,按接线图的要求,分别将电缆线连接到相应的电器元件上,检修箱安装要平整、牢固。

图 6-27 底坑检修箱示意图

4. 门区位置传感器安装 门区位置传感器主要用于平层停站,由感应器与金属遮光(隔磁)板两部分组成。感应器通常有光电感应器、磁感应器等。

(1)感应器安装在轿厢顶,与之配合作用的遮光(隔磁)板安装在井道平层区的轿厢导轨一侧,当轿厢到达层站门(停层)区时,遮光(隔磁)板进入了U形感应器空隙内,随即发出门区信号至控制系统,为轿厢的准确平层及开门提供位置信息。

(2)遮光(隔磁)板在轿顶进行安装与调整。在轿顶,用检修运行方式将轿厢开到底层平层位置后,按照规定的位置安装并调整好轿顶感应器,并可靠固定、接线。同时,调整底层门区的遮光板(隔磁板)位置,其高度调整至平层后的感应器中心位置,即轿厢在底层平层后感应器正好在该板的水平中心。以此类推,向上安装每个门区的遮光(隔磁)板,注意要校正板的垂直度、插入感应器的深度以及横向中心位置,均应符合技术文件要求。

5. 井道固定电缆、电线导管、电线线槽、金属软管和接线箱

(1)在电梯井道中,导线和电缆应依据国家标准选用。其机械和电气性能不低于使用要求的可明敷在井道墙壁上,或装在电线导管、电线线槽或类似装置内使用。

(2)在机房地坪面至井道固定电缆出入孔下方离墙约25mm处放一根铅垂线至底坑,并在底坑内将其稳固,或用墨斗线弹一根垂直线至井道底部,随后在井道顶端沿垂直线方向安装电线导管、电线线槽、金属软管,安装在井道内的电线导管、电线线槽、金属软管等不得与任何电梯运动部件发生摩擦碰撞。

(3)直接明敷安装在井道墙壁上的固定电缆,应沿垂直线方向进行安装固定,明敷安装的多根电缆,应绑扎牢固、排列整齐、安装牢固,多根电缆每段约隔300mm处,用绑扎带进行绑扎。明敷安装在井道墙壁上的固定电缆不得有破损、断裂现象,不得与任何电梯运动部件发生摩擦碰撞。

(4)安装在井道内的顶端和中间部位接线箱、层楼分接线箱(盒)(如果有),应沿垂直线方向进行安装,用膨胀螺栓或尼龙胀管、螺钉将接线箱(盒)固定在井道墙壁上。每个接线箱(盒)的安装位置要充分考虑到层楼电气部件的位置,便于排管布线,其安装位置基本与层门上坎架(侧边)在同一水平面上。

二、层站电气部件安装

1. 层门(含安全门)联锁开关　该开关和层门门锁装置同步动作,当层门关闭后,该开关接通,电梯才能运行。任何一扇层门开启后,电梯不能运行。该开关安装在两扇层门关闭后的上方中间部位,安装位置要准确、牢固,并有防积尘措施。

为了保证机械强度,门电气安全装置导线的截面积不应小于0.75mm²。所有联锁开关接线方式必须是串联连接,不得有漏接、错接、短接现象,在电梯安装、维修、使用过程中,严禁人为将该开关、线路短接使用,避免造成安全事故!

2. 层站召唤箱、层站指示盒安装　层站召唤箱、层站指示盒的安装部位和预留孔位置等尺寸要求,应按照电梯井道土建布置图,由土建施工单位负责完成。电梯施工单位在安装前应查看预留孔位置和尺寸与图纸是否相一致,如有不符合的部位,应由土建施工单位负责整改。

(1)单独安装的层站指示箱应位于层门框上方中心部位,离楼面高度约为2350mm(或按设计要求),安装后水平偏差不大于3‰,面板与墙体或装饰件之间要严密。信号连接线要正确,电梯运行时的指示信号要准确、清晰完整,不应有缺损现象。

(2)层站召唤箱的安装位置离楼面高度为 1350 ~ 1500mm,单台电梯层站召唤箱距层门边框约为 200mm,两台并联电梯共用的层站召唤箱,应设置在两台电梯的中间部位,方便乘梯人员操作。既有单独的层站召唤箱,也有层站召唤箱和层站指示器连为一体的。所有信号连接线要正确,电梯运行时的指示信号要准确、清晰、完整,不应有缺损现象。电梯上、下行的召唤登记信号要正确、有效,电梯到达层站后,该层站的召唤登记信号应能自动及时消除。层站召唤箱的面板安装要垂直、平整,面板与墙体或装饰件之间要严密,间隙在 1.0mm 以内。层站召唤箱体需接地,用以消除静电。

3. 电梯层楼指示盒及外召唤盒安装要求

(1)层门指示盒(图 6 – 28)安装在层门口以上 0.15 ~ 0.25m 的层门中心处。

(2)指示盒安装后,其中心线与层门中心线的偏差不大于 5mm。

(3)层门外召唤箱(图 6 – 29)安装在层门右侧距地面 1.2 ~ 1.4m 的墙体上,召唤箱边缘与层门边框距离为 0.2 ~ 0.3m。

(4)并列电梯各层门指示盒的高度偏差不大于 5mm。

(5)并列电梯各层门外召唤箱的高度偏差不大于 2mm。

(6)各层门外召唤箱距层门边的距离偏差不大于 10mm。

图 6 – 28　层门指示盒示意图

(a)下端站召唤箱　　　(b)中间站召唤箱　　　(c)上端站召唤箱

图 6 – 29　层门召唤箱示意图

第五节电梯慢、快车调试请参阅第七章相关慢、快车调试。

本章小结

本章主要对电梯电气控制系统的安装作业进行了较详细的阐述,联系国标提出对作业的要求。从机房、井道、轿厢直至底坑的电气安装工艺流程的介绍也较详尽,并对施工安全、设备安全也提出了具体要求,对作业人员能起到积极的指导作用。

思考题

1. 对电气安装工艺进行简要叙述。

2. 电路中"N"与"PE"是什么概念？是否等同？

3. 主电源开关不应切断哪些设备的供电电路？

4. 不同电压等级、不同控制要求的导线电缆布置有哪些要求？

5. 安全回路是否要求全部串联起来还是独立并联？

6. 井道内减速开关、限位开关、极限开关的作用是什么？

7. 进入轿顶作业与进入底坑作业首先的作业动作是什么？

■第七章   电梯调试与检验

第一节   通电前、后的检查测量工作

一、通电前的检查测量工作

1. 通电前,在安装施工方面的注意事项

(1)应确保井道内的脚手架、样板架要从上至下已拆除,底坑已清理干净。

(2)机房已清扫干净,多台梯共用机房电源—控制柜—曳引机—限速器对应编号已标识清楚。

2. 机械检查   曳引机减速箱(若有)、导向轮、轿顶轮、对重轮、限速器、涨紧轮已按规定润滑,无渗漏油现象;缓冲器液压油充足;导轨处于正常的润滑工作状态;曳引钢丝绳外表面专用油脂无溢出,旋转部件均加装了防护罩、盖。

3. 电气部件的检查

(1)检查电梯电气接线图、接线编号和线路走向正确无误,随缆、井道布线正确完好。

(2)安装过程中的临时线、短接线等临时性处理全部恢复无遗漏,接地电阻值不大于 4Ω。

(3)各部位的安全保护、功能转换开关所设定的通断状态全部有效,安全回路正常。

(4)绝缘电阻符合设计要求,并经测量全部符合耐压要求。

二、通电后的检查测量工作

1. 通电检查与测量

(1)打开机房电源箱,在未合闸送电前测量三相输出端电压,三相交流应为 380V ± 7% ,单相交流应为 220V。将检查过的三相和单相电源熔断器芯装进熔断器中,并分别合上三相主电源开关和单相电源开关。

(2)根据电气原理图,用数字万用表分别测量控制柜(箱)中三相和单相熔断器输出电压,测量变压器或其他电气元件输入端的电源电压,再分别测量变压器二次侧各绕组不同等级的输出电压。在空载状况下,允许实测电压值略高于标称电压值,但不能大于标称电压值 10% 以上。

(3)开关电源输出应符合设计要求(如有误差要及时进行调整),满足控制系统工作电源使用要求。

2. 驱动信息校入

(1)将轿厢用手拉葫芦提升、悬空固定后,将曳引钢丝绳暂时从曳引轮上脱开,使用专用

装置输入设定参数,并进行模拟空转,将运行参数录入驱动系统中(不是所有电梯都需要此工序)。

(2)挂上曳引钢丝绳,用手拉葫芦放下轿厢,撤除吊装工具。合上电源开关,准备下一道调试操作。

3. 井道位置信息校入

(1)用检修速度运行全程,然后逐层停靠,使系统记忆提升高度及各层站的距离,反复多次,同时修正平层位置。此过程通常又称为"自学习"。

(2)通过调试仪固化所有楼层参数并录入存储器中,至此,井道信息校入基本完成(不是所有电梯都需要此工序)。

4. 电梯快车及停靠试验 驱动信息、井道位置信息校入后,可进入快车试运行及停靠站试验。

①将加速度仪置于轿厢地板中间,测量电梯启动、制动时的加、减速度及 X、Y 轴向振动。分别符合 GB/T 10058—2009 中 3.3.5 电梯恒加速区段内的垂直(Z 轴)振动的最大峰峰值不应大于 $0.30m/s^2$;A95 峰峰值不应大于 $0.20m/s^2$;轿厢运行期间,水平(X 轴和 Y 轴)振动的最大峰峰值不应大于 $0.20m/s^2$,A95 峰峰值不应大于 $0.15m/s^2$。

②分别测试轿内启动、制动运行噪声,不应大于 55dB(梯速 $2.5m/s < v \leqslant 6.0m/s$,允许 $\leqslant 60dB$);机房主机运行噪声,不应大于 80dB(梯速 $2.5m/s < v \leqslant 6.0m/s$ 允许 $\leqslant 85dB$);开关门噪声,不应大于 65dB。

③在满足测试参数的状况下,微调参数使电梯做到直接停靠,合理缩小上行、下行时段,提高运行效率。

第二节 检测方法

一、电梯有司机操作运行状态的检查

将电梯运行转换到有司机操作状态,操作人员依次逐层登记层楼召唤信号,电梯应能够完成整个运行过程,到达所召唤层楼。

二、消防开关功能检查

(1)电梯向上自动运行到中间层楼时,操作人员将底层层门外的消防功能转换开关接通,此时电梯经过迅速减速、换向后,应立刻自动向下直驶到基站(一般设置在一楼)平层、开门,此过程中,电梯不会应答任何层楼的召唤。此阶段称为消防返回或迫降。

(2)操作人员进入轿厢,此时电梯进入消防运行状态,不应答任何召唤信号,仅按轿内选层信号直驶目的层站。自动关门失效,依靠手动按压关门按钮直至轿厢门自动关闭后,电梯启动运行。

(3)电梯到达选定的层楼后,不会自动开门,操作人员必须按开门按钮,点动开门,直至轿厢门完全开启。

(4)操作人员按上述操作方法,依次检查每个层楼的电梯消防运行功能,直至全部层楼符合使用要求。然后将电梯返回基站,断开消防转换开关,使电梯恢复其他运行功能。

三、称量装置功能测试

(1)用砝码进行试验,使轿内载荷超过110%额定载荷时,电梯应不关门、不启动,并发出超载的声、光报警。

(2)满载时,轿内、外应显示满载信号,电梯直驶目的层站,不响应外呼信号。

(3)电梯重载时,要求电动机输出较大的力矩,称量装置能够向驱动系统发出启动力矩补偿信号,以满足轿厢所需启动力矩,改善舒适感(一般来讲 VVVF 电梯具有的功能)。

四、电梯运行舒适性测试

根据人体生理的特点,对电梯的启动加速、制动减速、不同额定速度下的平均加、减速度作出了相应规定:

(1)乘客电梯启动加速度和制动减速度最大值均不应大于 $1.5\mathrm{m/s^2}$。

(2)当乘客电梯额定速度为 $1.0\mathrm{m/s} < v \leqslant 2.0\mathrm{m/s}$ 时,其平均加、减速度不应小于 $0.5\mathrm{m/s^2}$。

(3)当乘客电梯额定速度为 $2.0\mathrm{m/s} < v \leqslant 6.0\mathrm{m/s}$ 时,其平均加、减速度不应小于 $0.7\mathrm{m/s^2}$。

五、工况测试

以轻载工况(不超过额定载重量的 25% 或含仪器和不超过 2 人,取低值)和额定载重量工况进行检测。

(1)单层:选中间层站,上行、下行各一次。

(2)多层:选底部与顶部两端两个层站以上,上行、下行各一次。

(3)全程:上行、下行各一次。

六、电梯运行曲线图

如图 7-1 所示。

(1)电梯从"0"速启动,一直升至额定匀速,曲线越"光滑",舒适感越好,下行从匀速拐至下降段曲线同样要求"光滑",并要求降至"0"速时间尽量短,使之直接停靠。

(2)当电梯额定速度为 $1.0\mathrm{m/s} < v \leqslant 2.0\mathrm{m/s}$ 时,A95 加、减速度不应小于 $0.5\mathrm{m/s^2}$。

(3)当电梯额定速度为 $2.0\mathrm{m/s} < v \leqslant 6.0\mathrm{m/s}$ 时,A95 加、减速度不应小于 $0.7\mathrm{m/s^2}$。

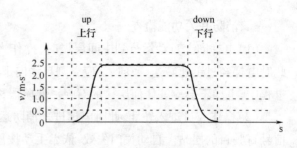

图 7-1 电梯运行曲线图

七、平层准确度的测试

平层准确度的测试通常在空载工况和额定载重量工况下进行,以空载工况向上,额定载重量工况向下,用深度游标卡尺或直尺进行检测。

①当电梯额定速度不大于1.0m/s时,平层准确度的测量方法为轿厢自底层端站向上逐层运行和顶层端站向下逐层运行。

②当电梯额定速度大于1.0m/s时,平层准确度的测量方法为以达到额定速度的最小间隔层站为间距作向上、向下运行,测量全部层站。

轿厢在两个端站之间直驶,并按上述三种工况测量,当电梯停靠层站后,在轿厢地坎上平面对层门地坎上平面在开门宽度1/2处测量垂直方向的差值。平层准确度的测试结果应符合GB/T 10058—2009《电梯技术条件》中的规定,即电梯轿厢的平层准确度宜在±10mm的范围内,平层保持精度宜在±20mm的范围内。

八、超速安全保护装置试验

(1)限速器、安全钳联动试验,可以在机房通过人为干预的方法进行。电梯用检修速度向下运行,人为地使限速器动作而切断安全电路,同时限速钢丝绳被卡,提拉起安全钳楔块(或滚柱),轿厢被制停于导轨上(这是最常用的试验方法,否则会造成对导轨等零部件的损坏)。

(2)人为地将电梯运行速度调高到额定速度的120%,电梯启动后,当超过额定速度15%时,限速器自动动作而切断安全电路,同时限速钢丝绳被卡,提拉起安全钳楔块(或滚柱),轿厢被制停于导轨上。

九、上行超速保护装置的试验

上行超速保护装置有四种类型,使用双向安全钳或对重安全钳的上行超速保护装置的超速安全试验与前述方法类似。这里主要讨论夹绳器与利用曳引机制动器的上行超速保护过程。

(1)夹绳器。轿厢空载,调高电梯额定速度向上运行,当超过额定速度15%时,限速器自动动作,立即切断安全电路,主机停转,限速器上特设的制动钢丝动作,拉动夹绳器上的机销,使夹绳板瞬间夹住钢丝绳,以制停惯性向上滑行的轿厢。

(2)利用曳引机制动器的上行超速保护装置(实为"制停电机轴"的概念)。轿厢空载,调高电梯额定速度向上运行,当超额定速度15%时,限速器自动动作,立即切断安全电路,主机失电,同时制动线圈失电抱闸动作,瞬时抱住曳引轮轮鼓,使惯性向上的轿厢被缓缓制停,防止冲顶发生。

十、曳引性能试验

(1)在最低层平层位置,轿厢装载至125%额定载重量后,观察轿厢是否保持静止。

(2)对于轿厢面积超出GB 7588—2003中表1规定的货梯,轿厢实际载重量达到轿厢面积按 GB 7588—2003 中表 1 规定所对应的额定载重量后,观察轿厢是否保持静止。

(3)对于 GB 7588—2003 中 8.2.2 所述的非商用汽车电梯,轿厢装载至 150% 额定载重量后,观察轿厢是否保持静止。

(4)空载轿厢上行,在电梯行程上部范围内以额定速度运行时,切断驱动主机供电,测量电梯停止过程的减速度;轿厢载有额定载重量下行,在电梯行程下部范围内以额定速度运行时,切断驱动主机供电,测量电梯停止过程中的减速度。

(5)当对重压在缓冲器上而曳引轮按电梯上行方向旋转时,观察是否能提升空载轿厢。

十一、电梯负荷运行试验

(1)电梯轿厢分别在空载和额定载荷工况下,按产品设计规定的每小时启动次数和负载持续率各运行 1000 次(每天不少于 8h),电梯应运行平稳,制动可靠,连续运行无故障。

(2)轿厢在 100% 的额定负荷运行时,电梯满载运行信号接通,层门外召唤按钮信号不应答,电梯处于直驶状态。直至轿厢负荷发生变化,满载运行信号撤除后才能恢复常态运行。

(3)采用 B 级或 F 级绝缘时,制动器线圈温升应分别不超过 80K 或 105K,减速箱的油温不应超过 85℃,滚动轴承的温度不应超过 95℃,滑动轴承的温度不应超过 80℃。

本章小结

本章的调试、检验方法只能点到为主,因各电梯厂家的产品差别较大,比如有些厂家已实现出厂前调试参数预设置,电梯安装完成不需现场做驱动信息、井道位置信息校入,有的厂家只需做井道位置信息校入,也有需要工厂派调试工程师调试的,而有的只需安装队按工厂给的几步调试操作即可通电走车。而且调试工具、调试方法差别也很大,所以本章只作大概过程描述。关于检验方法,大部分可以作为参考,但也因各厂家采用的部件不同,需按厂家指定的方法检验。

思考题

1.电梯进入调试前应进行哪些项目检查?

2.国标中的"A95"是什么概念?

3."消防电梯"与"消防开关"的功能有什么区别?

4.复述"消防开关功能"的动作过程。

5.为什么无齿轮曳引机抱闸可作上行超速保护装置使用,而有齿轮曳引机不可以?

■第八章　无脚手架的电梯安装

传统的电梯安装方法是在每个电梯井道内搭设脚手架,然后在脚手架平台上安装导轨、层门系统、电缆等一系列部件。无脚手架安装工艺改变了传统的安装作业方式,是在井道内不搭设脚手架的情况下,通过临时搭设的能够在井道内上下移动的工作平台(如吊篮、电梯轿厢等)安装井道内部件,从而完成电梯安装的工艺。

第一节　无脚手架电梯安装工艺概述及工艺条件

一、无脚手架电梯安装概述

随着建筑业的不断发展,电梯行业发展迅猛,电梯安装量逐年上升,人力资源成本以及现场作业的相关成本的总量也随之大幅增加。综合各种因素,使得有效降低成本,节约人力、物力,提高施工安全性的无脚手架安装工艺得到了较为广泛的应用。

目前,采用无脚手架安装工艺方法较多,主要分以下几种:

(1)采用电梯本身运行系统——曳引驱动式平台。在慢车(低速运行)的条件下完成电梯安装。

(2)采用卷扬机加吊篮——卷扬驱动式平台。

(3)采用附着于导轨轿厢系统及专用移动器作动力上下运行——爬升驱动式平台。由于后面两种都必须采用额外的设备,前期投入较大,而且后续会带来仓储、保养、运输等问题,所以本章主要针对第一种方法作较详细阐述。

二、工艺条件

电梯无脚手架安装施工除了需满足传统电梯安装工艺进场施工的条件外,还需满足以下条件:

(1)能够采用无脚手架施工作业的目前仅适用于有机房且对重后置式电梯。

(2)机房门窗能够锁闭,机房墙面、地面粉刷完毕,三相五线制动力电源到达机房且容量满足设备要求。

(3)井道壁平整且凸出钢筋、杂物等已清理干净,井道如果为砖墙圈梁结构,则圈梁位置及大小必须符合设计要求。

(4)机房内的搁机大梁已按机房布置图安装到位。

(5)曳引机上方的起重吊钩按设计起重吨位在建筑时已浇筑到位。

(6)底坑内杂物已清除,地面干燥,无渗水现象。

第二节　工装准备

工艺工装表见表 8-1。

表 8-1　工艺工装表(仅列出本艺所需工具、材料,检测仪器未列出)

序号	工具、材料名称	规　格	单位	数量	用　途
1	钢管	$\phi48.3 \times 3.6 \times 3000mm$	根	12	搭建顶层工作平台用
2	钢管	$\phi48.3 \times 3.6 \times 2000mm$	根	24	
3	钢管	$\phi48.3 \times 3.6 \times 1000mm$	根	6	
4	钢管	$\phi48.3 \times 3.6 \times 500mm$	根	4	
5	直角扣件	90°	件	50	
6	旋转扣件	360°	件	14	
7	钢丝绳	$10mm \times 10m$	段	2	
8	钢丝绳夹头	10mm	只	30	
9	钢丝绳	10mm	米	1	视井道高 $(n+5)m$ 定
10	钢丝绳	$10mm \times 5m$	段	2	平台保险用
11	杂木方	$80cm \times 60cm \times 250cm$	根	8	制样板及放样板垂线
12	钢丝	$20^{\#} \sim 22^{\#}$	kg	2	
13	铁钉	3英寸	kg	0.5	
14	吊锤(铁砣)	$5 \sim 8kg$	只	8	
15	废铁桶或其他盛器	$>300mm \times 300mm$	只	4	盛水阻尼样板垂线晃动
16	生命线(麻绳)	18mm(或涤纶绞股绳)	根	1	另配2个可移动绳卡
17	环形吊带	1.0t且环长不小于4m	根	2	吊装用
18	卸扣	$\phi16mm,\phi10mm$	只	各4	吊索具快速连接
19	电锤(或冲击钻)	22mm	把	2	钻膨胀螺栓孔
20	铁锤	2.5磅❶	把	1	
21	刀口尺	400mm	把	1	校验导轨接头用
22	塞尺	$0.02 \sim 1.2mm$	套	1	校验导轨接头用
23	直尺形水平尺	300mm,1000mm	把	各1	机房安装及校验支架水平度用
24	砂轮切割机	400	台	1	切割支架、钢丝绳等
25	砂轮切片	400mm	片	10	
26	便携式电焊机	$30 \sim 300A$	台	1	点焊焊接使用

---

❶　1磅(lb) =0.4536千克(kg)

续表

序号	工具、材料名称	规格	单位	数量	用途
27	手拉链条葫芦	1.0t×6m,0.5t×6m	只	各2	吊装设备用(吊钩带防脱弹板)
28	电动卷扬机	0.5t	台	1	吊装导轨用
29	梅花开口双头扳手	10mm、13mm、17mm、19mm	把	各2	
30	活动扳手	8英寸、10英寸、12英寸	把	各1	
31	套筒扳手	5～33英寸	套	1	
32	轿厢校导尺	自制	套	1	
33	对重校导尺	自制	套	1	

第三节 安装工艺流程

一、工艺流程图

采用电梯本身运行系统,在慢车条件下完成电梯安装的无脚手架安装施工主要思路为:先安装电梯慢车运行必要的机房内曳引机、控制柜、限速器、电源动力线、随行电缆和井道内轿厢、对重架、曳引钢丝绳连接以及底坑缓冲器、第一根导轨、张紧轮等组件,然后调试慢车,在慢车运行状态下安装其余导轨、层门系统、控制电缆及其他部件。该工艺与传统工艺最大的区别在于电梯导轨的安装先后顺序不同和慢车调试时间节点提前。

在具备上述工艺条件的前提下,具体流程(图8-1)如下:

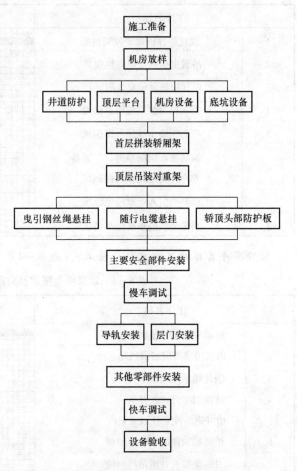

图8-1 无机房安装工艺流程图

二、工艺流程表

1. 放样板架工艺(表8-2)

表8-2　放样板架工艺进程表

	工序名称	作业计划
1	从井道向机房引入层门线	
2	按土建图在机房制样板架	
3	在机房地板放线节点钻孔	
4	地板上钻导轨中心吊装孔	
5	向井道放样板线下垂铁坠	
6	井底制作下线架固定垂线	

2. 机房设备安装工艺(表8-3)

表8-3　机房设备安装工艺进程表

	工序名称	作业订划
1	以机房样板线定位搁机梁	
2	吊装曳引机及导向轮安装	
3	以样板线定位安装限速器	
4	控制柜安装就位可靠接地	
5	控制柜输出线接入曳引机	
6	编码器、抱闸检测、限速器安全开关电缆接入控制柜	
7	控制柜引入电源箱电源线	
8	不带负载的单机慢车调试	

3. 顶层平台搭建及对重架吊挂工艺(表8-4)

表8-4　顶层平台搭建及对重架吊挂工艺进程表

	工序名称	作业计划
1	根据井道尺寸预制平台	
2	由机房向井道放钢丝绳	
3	钢丝绳系结预制平台	
4	将预制平台移入井道	
5	由井道内外立杆固定平台	
6	扩展加固顶层平台建围栏	
7	对重架移入井道吊挂到位	
8	悬挂对重架加对重铁，加装防旋导轮	

4. 工作平台的搭建工艺(表8-5)

表8-5 工作平台的搭建工艺进程表

	工序名称	作业计划
1	根据井道吊线安装首节导轨	
2	等高垫木作支撑拼装轿架	
3	安装轿厢导靴导入轿厢导轨	
4	安装轿厢反绳轮*	
5	安装安全钳及联动拉杆机构	
6	安装限速器张紧轮	
7	悬挂限速器钢丝绳连接拉杆	
8	轿顶之上搭建头顶保护结构	
9	悬挂曳引绳连接轿厢、对重	
10	轿厢、对重缓冲器安装	

注 *表示曳引比2:1时有此工序,1:1则跳过此工序。

5. 慢车调试工艺(表8-6)

表8-6 慢车调试工艺进程表

	工序名称	作业计划
1	安全确认:顶层工作平台拆除、供电正常、电控柜已可靠接地、井道开口已封堵、已安装设备的安全电路已接入	
2	电梯悬挂系统正常无障碍	
3	安全钳、限速器安全开关,抱闸检测开关,轿顶、井道安全开关检测试验有效	
4	控制柜暂时短接层门安全回路、短接限位开关安全回路	
5	进行联机慢车调试*	
6	轿顶检修开关操纵电梯升降	

注 *表示在安全回路不齐全状态下联机慢车调试,须由制造厂商授权或由制造厂商委派专人操作。

6. 井道部件安装工艺(表8−7)

表8−7　井道部件安装工艺进程表

	工序名称	作业计划
1	从机房导轨安装位钻孔放下导轨吊装绳逐节起吊组装导轨	
2	利用活动平台安装导轨支架	
3	近半程拆除对重架防旋导轮,安装对重导靴并导入对重导轨	
4	后半程对重导轨组装及导轨支架继续施工	
5	安装层门及地坎间距控制	
6	安装信号电缆,平层信号插板	
7	安装限位开关	
8	井道部件安装完成第一时间拆除安全回路短接线并复测安全回路	

三、无脚手架施工曳引机慢车拖动示意

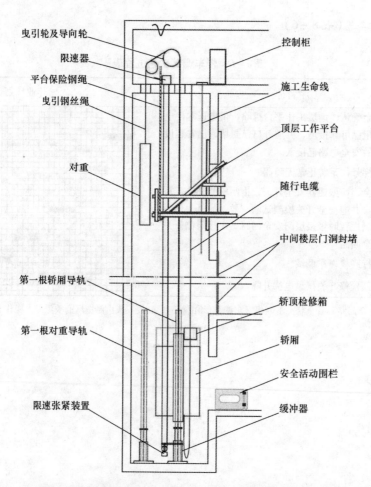

曳引轮及导向轮　　控制柜
限速器　　施工生命线
平台保险钢绳
曳引钢丝绳　　顶层工作平台
对重　　随行电缆
中间楼层门洞封堵
第一根轿厢导轨　　轿顶检修箱
第一根对重导轨　　轿厢
安全活动围栏
限速张紧装置　　缓冲器

图8−2　无脚手架利用电梯本体开慢车前总体安装示意图

四、工程事项说明

（1）当曳引机、控制柜安装完成、工作电源正常接入控制柜、控制柜输出电缆接入曳引机、部分安全回路被短接后，则可以进行未挂钢丝绳前的单主机慢车调试。

（2）当电梯轿厢安装完成，对重悬挂到位，并悬挂曳引钢丝绳将轿厢与对重连接起来，经检查符合有负载动慢车的安全保证条件，则可进行有负载慢车调试。

（3）当轿厢移动到靠近顶层前，应确认原搭建的顶层工作平台的工作任务已完成后，此时允许将顶层工作平台、头顶保护结构予以拆除。

（4）工艺进程表中的"工时"只是参考值，随着施工人员增减或施工方法变换不受参考值限制。

（5）电梯安装除采用无脚手架安装工艺外，其安装规范及质量要求均与常规安装等同。

（6）电梯安装完毕经检查无遗漏，安全电路全部正常，则可以进行快车运行调试。

（7）无脚手架施工慢车运行前总体安装示意（图8-2）。

第四节　安装作业设备

无脚手架施工需准备的作业设备、设施有：顶层工作平台、中间楼层门洞封堵密网、机房开孔用水钻（或电锤代替）、轿顶施工头顶保护、手拉葫芦（或卷扬机）、导轨校正工装、对重架稳定装置和顶层施工生命线。

一、顶层工作平台

顶层工作平台是进行无脚手架安装的特殊设施。由于井道内没有脚手架，但一些安装工作必须在顶层完成，平台是为此而设置的。

顶层工作平台需满足允许施加的载荷为300kg，包括安装人员的重量和一些常用的简易工具、对重块的单块重量。

工作平台作用为井道测量，门垂线吊挂，对重架吊装、加对重块、曳引钢丝绳悬挂连接，井道上端随行电缆架的安装及电缆固定，顶层末节轿厢、对重导轨支架及导轨安装施工。

顶层工作平台的搭设可采用钢管或槽钢，以钢管搭建为例（图8-3）。

1.顶层平台搭设过程　先测量井道深度，对照井道平面图，确定对重的

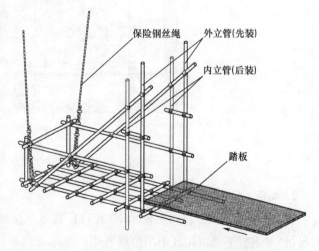

图8-3　顶层工作平台采用钢管搭设方式

假想安装位置,再考虑 A 的距离,得到平台伸入井道的深度尺寸。在顶层站门口先拼装平台框架,在框架上做好伸入井道的标记。从机房放下钢丝绳拉紧框架防止滑落井道,将框架送入井道至标记处,将内竖立杆安装上去,使外立管与内立管形成对预留门洞的夹固,在底部框架上铺上厚踏脚板并加固。在距踏板上 80cm 左右位置应设置防护栏管构成顶层工作平台(图 8 - 4)。

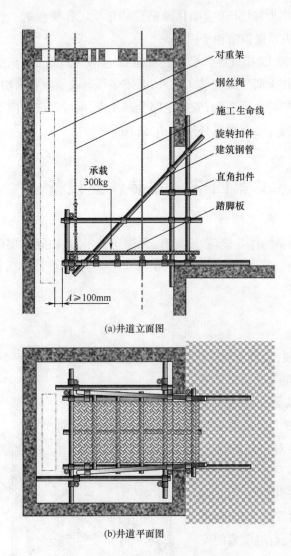

(a)井道立面图

(b)井道平面图

图 8 - 4 顶层搭建工作平台示意图

2. 二层工作平台搭设过程

(1)对重框就位。将对重框抬至层门口,放下手拉葫芦吊钩,用环形吊带绑扎头部,钩上吊钩起吊,对重框下部也用环形吊带绑扎用一水平方向手拉葫芦钩紧,随着对重框慢慢吊起,尾部逐渐脱离地面,操作时一边向上吊高,一边水平放松葫芦,直到对重框悬垂并下放至对重安装位置(图 8 - 5)。

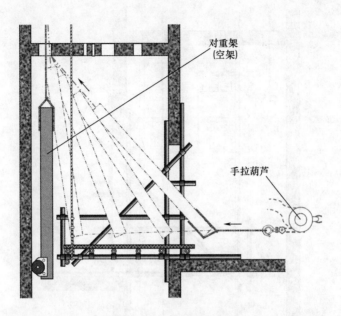

图8-5 对重框安装过程示意图

（2）二层工作平台搭设施工。在现有顶层平台基础上，取长竖管四根（长度大于顶层高），分布于四角与平台框架用万向扣件连接，同时应兼顾层门口竖杆位置。取适当长度横管（长度与井道深、宽相当）用万向扣件与竖管连接，上层横管应水平且与下层平台横管交叉紧抵井壁，并紧固扣件，在上层框架上铺上厚踏脚板并固定，踏板上80cm左右位置设置防护栏，构成二层工作平台，再调节抽紧保险钢丝绳，使受力分散，顶层工作平台则更加安全了（图8-6）。

二、全部楼层门洞封堵围护

无脚手架安装时井道内没有任何遮挡，物体从井道层门口坠落的危险性较大，因此在层门没有安装的时候层门口防护尤为重要，层门门洞需做全封闭围护。

层门门洞围护需在土建原有护栏围护基础上，用防火密网将门洞全封闭围护，下侧应设有10~15cm高度的踢脚板，防火密网规格一般可选取2500mm×1800mm，确保能够将门洞和召唤预留孔全封闭并可靠固定。

三、机房开孔作业（用水钻或电锤代替）

（1）由于无脚手架施工在机房放样，因此，在确定样线固定位置后，需在机房楼板上钻适当大小（直径≥22mm）的孔，钻孔需保持垂直，不得倾斜影响样线放置。在条件允许下需配备相应规格的水钻，也可用电锤钻孔。

（2）为解决无脚手架施工的导轨吊装问题，还需在机房楼板上在轿厢导轨、对重导轨平面位置钻导轨吊装孔（直径≥22mm），以便吊装钢丝绳伸下井道进行吊装导轨作业。

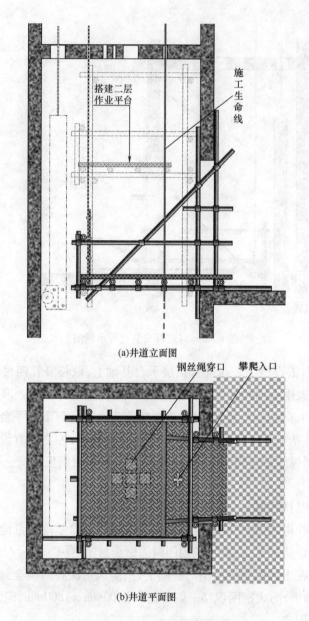

施工生命线

搭建二层作业平台

(a)井道立面图

钢丝绳穿口　攀爬入口

(b)井道平面图

图8-6　二层工作平台搭建

四、移动平台头顶保护

由于慢车运行施工过程中,人员均需站在轿顶进行施工,但井道内整个高度无其他遮挡,虽然对层门门洞进行了封堵,但是为确保安全仍需在轿顶设置一道头顶防护天花板,作为轿顶施工人员的第二道安全防护。

轿顶施工头顶保护装置以轿顶护栏为基础,防护顶至轿顶距离2.5m左右,在轿顶四周用四根长2.5m的50mm×50mm角钢与护栏固定连接牢固,顶部用30mm×30mm角钢连接并铺上建筑用板材或3~5mm钢板,防护顶预留钢丝绳孔(图8-7)。

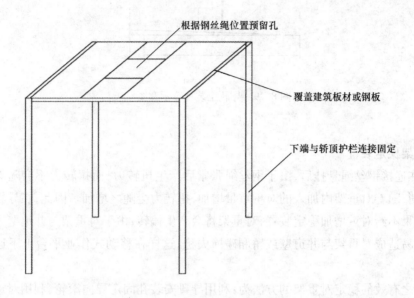

根据钢丝绳位置预留孔

覆盖建筑板材或钢板

下端与轿顶护栏连接固定

图 8 - 7 轿顶施工头顶保护装置

五、导轨校正工装

由于无脚手架施工均需在井道内拼装安装平台,并要利用导轨作为导向,因此,无脚手架安装时样线放设必须以不影响轿厢上下运行为原则,样线只能放设在导轨两侧。这样,为便于导轨校正,必须设计导轨校正工装作为导轨校正工具。常用导轨校正工装形式如图 8-8 所示。

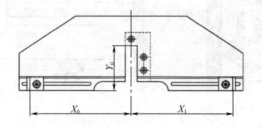

图 8 - 8 导轨校正工装图

上述导轨校正工装中,不考虑工装自身误差的情况下,如图 8 - 9 所示。当样线 Y 方向偏差 y' 时,导轨安装 X 方向将偏差 x'。以 13kg/m 导轨为例:$Y = 62mm$,若 $X_0 + X_1 = 150mm$,当样线 Y 方向偏差 $y' = 1mm$ 时,$x' \approx (62/150) \times 1 = 0.41mm$;若 $X_0 + X_1 = 300mm$,当样线 Y 方向偏差 $y' = 1mm$ 时,$x' \approx (62/300) \times 1 = 0.21mm$。因此,适当增加 X_0、X_1 尺寸可以提高导轨安装的偏转精度。

通常情况下,导轨校正工装设计时,Y_0 取导轨高度 $-5 \sim 0mm$;X_0、X_1 取 $100 \sim 150mm$。

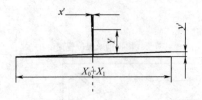

图 8-9　导轨工装计算示意图

六、对重架稳定装置

对重架在连接钢丝绳悬挂后,由于钢丝绳张紧后产生扭转力,而扭转力不会随着钢丝绳数量增加而抵消,随着对重架内加入的对重重量增加,扭转力会随之增加。因此,在导轨没有安装的情况下,如果不给对重增加稳定装置,对重架将会产生偏转,由于对重架与井道壁和轿厢的距离都较小,容易造成对重架与井道壁或轿厢碰撞失稳,这样在移动式作业平台上下运行过程中将非常危险。

目前,行之有效的稳定对重架的方法为:利用导靴安装孔固定导向滚轮,利用对重架的自重使导向滚轮与井道壁压紧,防止对重框偏转起到稳定移动作用(该工具为自制),见图 8-10。

井道壁不得有大于 5mm 的凸出物(或凹陷)。若凸出物上下有大于 60°缓坡的凸出高(或凹陷)不应超过 10mm。

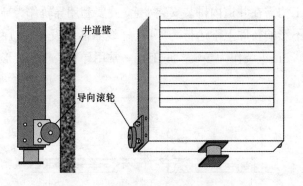

井道壁

导向滚轮

图 8-10　对重导向滚轮安装示意图

七、轿厢升降及与对重交会作业

(1)轿厢升降应以轿顶控制为主,作业时不得少于两人,互为安全监督。

(2)曳引机驱动轿厢上升时应注意上节导靴可能脱轨,应在未脱轨之前安装上节导轨,如果脱轨后插入上节导轨安装,由于轿厢的偏置,上下导靴不一定处于直线轨迹,造成校导困难。

(3)轿厢行程中途与对重交会时是轿厢与对重冲突的风险点,此时重点将对重防旋导轮置换为对重导靴并导入下半程对重导轨,随着轿厢提升,将对重上导靴也导入对重导靴,此时轿厢与对重的冲突风险解除。

(4)导入下半程对重导轨后,上半程对重导轨安装接着施工,上半程对重导轨未装妥前,轿厢不得向下移动,以免对重上移又脱离对重导轨增加施工风险。

第五节　样板架制作及放样板线

一、机房放样方法

(1)以门线为基准。将门线引入机房,机房样板架以门线为基准,推算出其他尺寸。

(2)应根据导轨校正工装的形状尺寸和电梯土建布置图及门线基准确定样板线的放线点位,在机房地板上用水钻开孔,样板线从机房开孔放至底坑。

(3)导轨定位样线按照导轨校正工装的形状尺寸分布在单根导轨的两侧。

二、样板架制作

样板架材料选用厚 3~5mm、宽 30mm 左右的铁条等,各取合适长度用于层门、轿厢导轨、对重导轨。

在每段样板架上画出纵横两条中心线(横向中心线需靠近铁条边缘),根据开门距画出层门样线定位线,根据导轨校正工装 X_0、X_1 确定轿厢导轨、对重导轨样线定位线,在各横向中心线与样线定位线交点位置锯样线(直径 +0.2mm)左右的缺口(使用普通锯条时需磨去凸出部分,减小锯口宽度),在每段样板架适当位置钻两个固定孔,如图 8-11 所示。

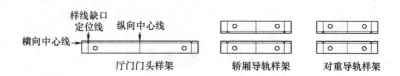

图 8-11　样架示意图

三、上样板架放设

上样板架在机房放设,首先根据电梯土建布置图在机房地面画出纵向中心线和层门铅垂线,然后按层门开门距测量画出样线定位线,在层门线和样线定位线交叉位置钻直径 ≥22mm 的孔,固定层门门头样架,放设层门铅垂样线。为便于中心线和层门铅垂线测设定位以及样线放设,可以在机房放样前搭设顶层平台。在层门铅垂层线悬重静止后,逐层测量层门铅垂线距门口井道壁尺寸和距左右井道壁尺寸,一般距门口尺寸设定在 110~130mm,左右要分中。

层门铅垂线测设调整完毕后,按土建布置图画出轿厢导轨中心线和对重导轨中心线。计算轿厢导轨开距(BG) +2 × 导轨校正工装 Y_0 和对重导轨开距(WG) +2 × Y_0。根据计算尺寸画出轿厢导轨样线中心线和对重导轨样线中心线,然后根据校正工装尺寸 X_0、X_1 画出样线定位线。按层门铅垂线放设方法,在定位线和中心线交点位置钻孔、固定样架、放设样线、悬重静止及复测数据(图 8-12)。

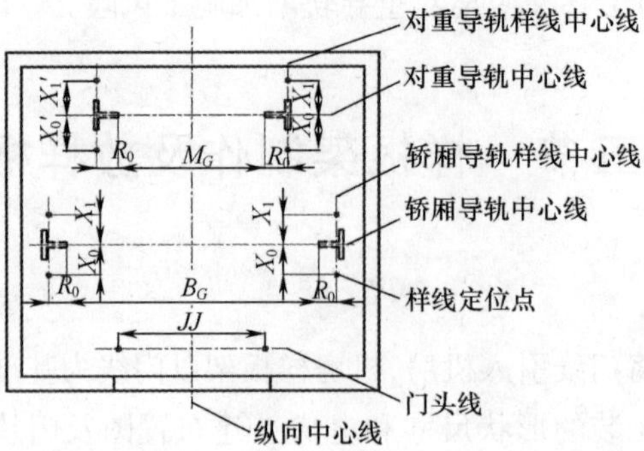

图 8 - 12　样架放线平面示意图

WG—对重导轨距离　BG—轿厢导轨距离

RO—导轨端面至样线距离　JJ—层门开门距离

X_0、X_1—导轨中心线分别到 X_0、X_1 样线的设定距离

四、下样板架放设

下样板架放设较简便,在高度合适位置各样线所对应井道壁位置预先固定一导轨支架,截取数段长度合适的铁条(或角铁余料)各锯一缺口,在各样线悬重静止后,移动铁条使样线刚好嵌入缺口,将铁条用螺栓固定在预先固定的导轨支架上,将样线拉紧缠绕在铁条上,复测各样线数据无误。

第六节　电梯安装

一、机房设备安装

机房设备安装与有脚手架安装方式一致,根据电梯土建布置图确定曳引机定位位置,固定承重工字钢梁,安装曳引主机,安装限速器、控制柜等设备并布线。

1. 安装工字钢梁　根据图纸和轿厢、对重的中心线确定工字钢梁位置,用水平尺校准工字钢梁的水平度,水平度应小于 1/1000。工字钢梁固定位置需满足图纸设计的承重要求,焊接固定在机房预留墙孔、搁机墩表面的铁板上。保证承重梁的水平度、相互间水平误差及两根承重梁的平行度偏差。埋入墙体的一端埋入深度符合 1/2 墙厚 + 20mm 的要求,剪力墙埋入深度最少应不小于 75mm,然后用水泥封墙。

2. 安装曳引机　根据图纸,将曳引机减振橡胶垫安装于承重梁上,然后起吊曳引机调整位置使其符合图纸要求并固定,调整曳引轮(导向轮)垂直度要求轮缘端面相对于水平面的垂直度不宜大于 4/1000。

3. 安装限速器　根据图纸,将限速器装置固定在机房地面上,调整至正确位置。

4. 安装控制柜　根据电梯土建布置图,将控制屏固定在机房地面,控制柜布置满足正面与门、窗不小于600mm,控制柜的维修侧距墙不小于600mm,控制柜距机械设备不小于500mm。

5. 安装线槽、配线　按要求安装线槽、电源箱,并根据相关规范对控制屏、曳引机、限速器等设备实施布线。

二、底坑设备安装

1. 安装缓冲器　缓冲器安装类似于有脚手架安装方式。将缓冲器底座根据电梯土建布置图对底坑深度的要求定位埋设好后,将缓冲器固定于底座上,液压缓冲器加好液压油,调整缓冲器垂直度误差。

2. 安装第一根导轨　由于无脚手架安装时,轿厢需始终沿导轨运行,拼装轿厢前应先将第一段导轨预先安装调整好。安装第二档支架时位置较高,应搭设脚手架平台或利用爬梯进行该档支架的安装和校正。目前,有脚手架安装也普遍采用导轨校正工装,因此,导轨安装步骤和方法与有脚手架安装方式已无区别。

首先将第一段轿厢导轨和对重导轨移入井道,根据图纸要求,确定第一档导轨支架位置,往上不大于2.5m位置确定第二档支架位置。然后用简易的支架模板画出膨胀螺栓孔位置。

选取合适钻头钻孔且保持两孔之间的水平度,用膨胀螺栓固定支架拧紧。安装第一段导轨并用导轨支架和导轨校正工装校正,保证导轨安装精度。用导轨校正工装校正时,需注意导轨面的清洁,使用前用干净棉纱擦拭干净,以免由于导轨表面油污黏结杂物造成工装测量误差。

3. 安装限速器张紧装置　慢车施工前应安装限速器,是为了在慢车施工过程中,尽可能地完善安全措施,使电梯本身的安全保障功能得以充分发挥。因为是用电梯本体结构作为无脚手架施工平台,能够使用电梯完善的安全保障措施,也是该无脚手架安装工艺所具有的得天独厚的优势。

限速器涨紧装置在轿厢拼装后进行安装,将悬臂安装板用压导板固定在底坑的安装限速器侧主导轨上,应保证悬臂水平时的离地尺寸,之后悬挂限速器钢丝绳,连接至安全钳连杆系统。

三、首层拼装轿厢(龙门)架

当第一段导轨安装后,即可开始轿厢组件的拼装,轿厢拼装在首层进行,拼装工序与有脚手架工艺相同。

(1)拼装轿厢组件。含轿底下梁、直梁、上梁、斜拉条、安全钳、导靴、轿底、轿壁、轿顶等。

在首层地坪位置至井道内壁固定两根150mm × 150mm木梁或10#槽钢(图8 - 13),调整水平,将下梁放在两根木梁上。安全钳钳口对准导轨顶面,在下梁上安装安全钳,拉杆一方应朝向限速器预留孔一方,将下梁调整水平。(此为举例方案,仅供参考)

(2)将已装配好的导靴临时固定到与导轨配合的位置上。为稳固下梁,防止松动,可采用钳块动作临时锁紧

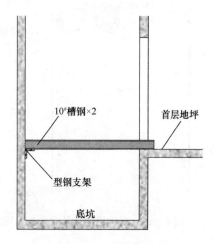

图8 - 13　轿厢首层拼装平台

在导轨上。然后将直梁与下梁用螺栓预紧连接,调整直梁的垂直度,拧紧下梁与直梁的螺栓。

(3)把上梁放进井道,测量调整上梁水平度、前后左右位置,紧固螺栓。安装上梁导靴。

(4)将轿底搬入井道下梁上,使轿厢地坎与门头线之间距离符合图纸要求,平行度允许偏差为 0 ±1mm,并使轿底中心对准两门头线中心,允许偏差 0 ±1mm。用螺栓将轿底与下梁连接,校正轿底前后,左右水平误差≤2mm,若不符合,用垫片塞在避振橡皮和下框之间进行调整。之后安装斜拉杆,严禁使用拉杆调整轿底水平。接着安装安全钳拉杆。

(5)安装轿顶和轿壁。在轿底和左右侧及后侧壁利用建筑板材覆盖,做好成品保护,以防止施工期间轿厢内存放的零部件和工具对轿厢造成损坏、划伤。

(6)防脱轨措施。

①防止施工期间平台脱离导轨制作轿厢直梁延长工具,也是一种常用方法(图8-14)因移动的轿顶做工作平台,由于有了直梁延伸段,并安装了导靴,使上方安装空间增大,即使轿(龙门)架上部导靴脱轨,也不影响轿厢运行的直线稳定性,总能保证四个导靴卡在导轨上。

②另外轿顶需增设急停按钮和防脱轨常闭行程开关,行程开关设置于导靴上方,急停按钮和防脱轨常闭行程开关串接另一路安全回路,见图8-15。

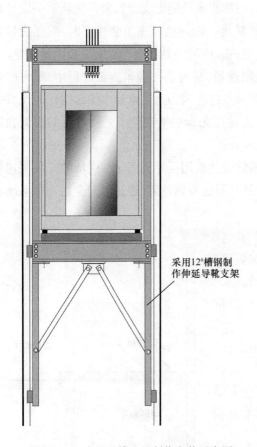

采用12#槽钢制作伸延导靴支架

图 8-14　直梁延伸工具制作安装示意图

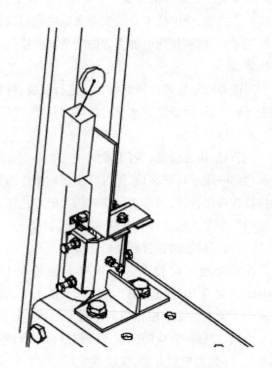

图 8-15　防脱轨行程开关示意图

四、顶层吊装对重架

在机房设备和轿厢拼装后起吊对重架,无脚手架安装在顶层起吊对重架。

1.起吊对重架　首先将对重架和适量对重铁运至顶层,选用2~3t的手拉葫芦,其链条长度需足够长,将其架设在机房对重侧钢丝绳孔位置,链条垂入井道。

将对重架抬至层门口,设置好吊具、绳索,缓慢提升对重架,直至对重架悬空在井道内,安装对重架导向滚轮,按下列悬挂高度计算结果,调整对重架悬挂高度。

2.对重架悬挂高度计算　首先计算正常情况下轿厢停靠顶层,轿厢地坎与层门地坎同一高度时,对重架距离首层地平面的高度 A(高于地平面为"$-$",低于地平面为"$+$")为:实际底坑深度 $-$ 缓冲器和底座的高度 $-$ 缓冲距 $-$ 对重架的撞块高度。测量首层轿厢拼装后轿厢地坎距离厅门地平面的安装高度 B(高于地平面为"$-$",低于地平面为"$+$");则:$A-B$ 即为对重架底端距离顶层地平面的高度(当 A 为负值时高出地平面 $|A|$,当 A 为正值时低于地平面 $|A|$)。

例如:实际求得 A 值为低于首层地平面 600mm,测量轿厢拼装后轿厢地坎高于首层地平面 450mm,则 $600\text{mm}-(-450\text{mm})=1050\text{mm}$,即对重架底端应低于顶层地平面 1050mm。

计算原理:由于轿厢、对重架之间是钢丝绳悬挂系统,一般情况下电梯系统中轿厢和对重的复绕比例均相同。因此,当轿厢运行至顶层平层时对重架与底层地平面的相对位置,与当轿厢运行至底层时对重架与顶层地平面的相对位置必定相同(图8-16)。

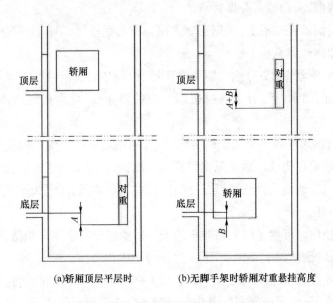

(a)轿厢顶层平层时　　　(b)无脚手架时轿厢对重悬挂高度

图8-16　对重悬挂高度计算示意图

3.加对重块数量的确定　由于进行无脚手架安装时,上部导轨均没有安装,若对重侧较重,运行过程中一旦出现钢丝绳打滑或电梯故障释放抱闸,则轿厢将向上运行脱离轨道,容易发生危险和造成不必要的麻烦。因此,无脚手架安装中,加对重块数量必须有一定范围,应保证对重架在加对重后的整体重量小于或接近轿厢侧重量。

首先确定施工过程中最大轿厢载荷值,即两名操作人员重量、工具和零部件重量、轿顶及轿厢保护重量(任何情况下,施工过程中最大载荷不应超过轿厢额定载重量)。施工过程中轿厢最小载荷大小,即两名操作人员重量和轿顶保护重量及轿厢保护重量。

如果上述最大载荷小于电梯额定载重量的1/2,则对重块加设数量可取轿厢空载时重量与施工中最小载荷时重量之间。如果上述最大载荷大于电梯额定载重量的1/2,则对重块加设数量可取施工中最小载荷时重量与配方中对重块加设数量之间。一般情况下加对重块数量按轿厢侧最小载荷时需加的对重块数量设定。

轿厢空载时对重块数量计算:配方中对重块加设数量 – 额定载重量 ÷ (2 × 单块对重块重量);最小载荷时对重块数量计算:轿厢空载时对重块数量 + 最小载荷 ÷ 单块对重块重量。

4. 加对重块数量是否合适的检验方法 该检验需在动慢车前进行,检验方法为:动慢车前,预先拆除轿厢底部支撑架,在轿厢内加与最小载荷相当的砝码重量,在机房用松闸扳手缓慢松抱闸,看到曳引轮有动作后立即复位抱闸,记住曳引轮转动方向和速度,当向轿厢侧很缓慢转动或不动则对重块数量刚好;当向对重侧转动则需减少对重块数量;当向轿厢侧快速转动则需增加对重块数量。也可根据此时盘车时手感确定加对重块数量是否合适。该检验方法也可在不确定配方中对重块加设数量时,作为确定加对重块数量的方法。

五、悬挂曳引钢丝绳

(1)悬挂钢丝绳前,清理机房并保持清洁。

(2)将钢丝绳卷筒放在架子上,采用正确方向释放出钢丝绳,不扭曲、不打结。

(3)不同曳引比钢丝绳悬挂方法。

①1:1曳引比时钢丝绳绳头分别与轿厢绳头板及对重绳头板连接,钢丝绳悬挂于曳引机曳引轮及导向轮上,让两端钢丝绳分别通过机房地板的轿厢孔、对重孔到达轿厢绳头板,并与之连接。

②2:1曳引比时钢丝绳绳头都处于机房机架上,钢丝绳悬挂于曳引机曳引轮及导向轮上分别导入轿厢端机房地板孔绕过轿厢反绳轮回穿机房地板孔,绳头与机架上绳板连接。对重同样钢丝绳导入对重端机房地板孔,绕过对重反绳轮,回穿机房地板孔,绳头与机架上绳头板连接。

(4)悬挂作业方法。

①钢丝绳长度预估。可参考轿厢与对重的安装后要求的高度差来预估,钢丝绳均需在现场进行切割截取,其长度预估很重要,需以下几部分的累加获得。

a. 对重压实缓冲器后轿厢向上还有不小于 $0.3 + 0.035v^2(\mathrm{m})$ 行程空间。

b. 使用楔铁绳头的,需累加绳穿过绳头包绕鸡心楔铁后回折长度。

c. 若使用复绕的需累加曳引轮—导向轮的回转绕长。

②钢丝绳截取。不论何种绕法,每根钢丝绳截取长度应是一致的,即通过悬垂消除钢丝绳制作时产生的旋绕应力,使其自然放松,伸长一致,然后根据预估长度标出切割标记,完成切割操作。

③当楼层较高,钢丝绳自重较重时,可在机房架设卷扬机辅助放钢丝绳。

④钢丝绳张力调整。

六、随行电缆悬挂

随行电缆悬挂在顶层进行,先将随行电缆至机房一侧用绳索通过电缆孔拉至机房控制柜内,电缆孔处用一段钢管临时将随行电缆固定牢固,缓慢将另一侧电缆放至底坑,保留适当的离地距离和弯曲半径,将随行电缆绑扎在轿底,电缆端部固定在轿顶。

随行电缆挂好后,进行机房接线和轿顶站接线。机房接线时,需连接限速器安全回路、上行超速保护装置回路,控制柜内将自动/检修开关固定在检修位置并标识严禁拨至自动。电路设计必须保证轿顶检修优先,即轿顶检修开关打开时,机房检修功能失效。

轿顶站接通上下行按钮和安全回路按钮,作为控制上下行的操作按钮。

七、慢车调试

安装好上述各部件后,即可进入动慢车调试阶段。调试人员需由专业调试人员担任,并要求对控制系统和无脚手架安装工艺非常熟悉。

慢车调试前,必须清洗调整制动器,检查上述各机械、电气部件安装完成尺寸符合规范要求,曳引机、液压缓冲器油位检查,机房接线正确、限速器、安全钳及轿顶各安全开关能够起作用,井道内壁无凸出物,轿顶保护、顶层平台搭设牢固并与曳引钢丝绳无干涉。检查动力电源电压波动是否在规定范围内。

电梯安装状态检查完毕后,合上主电源开关,观察控制柜内各部件工作状态,使用调试工具,调试各项参数,确保慢车运行速度≤0.5m/s。各部件工作正常,参数设定后,点动向下运行按钮查看运转是否正常,运转正常后,点动向上运行按钮查看运转是否正常。运转均正常后,锁闭控制柜,做好安全标识。

调试完成后,即可慢车运行开始其他安装工作,每次慢车运行时先点动向下运行后再向上运行。每次运行停止开始安装部件前应将轿顶急停开关按下再施工。

八、导轨安装

(1)整列导轨连接。以轿顶为作业平台,利用卷扬机作为起吊工具,钢丝绳通过楼板连接卸扣、导轨固定后起吊(参阅图4-5导轨吊装作业),将下一节导轨通过接导板连接(不紧固),直至将所有导轨全部连接。

(2)整列导轨连接后吊挂需变换,即选一可靠吊挂点挂一手拉葫芦,吊挂钢丝绳也通过楼板孔与吊装导轨的卸扣可靠连接,收紧葫芦,导轨由葫芦承重,卷扬机钢丝绳可撤离。

(3)将整列导轨提升至第一节已装导轨端面,小心地用接导板与之连接,对称施工,轿厢作业平台的上升进行导轨二档支架施工,并用压导板将导轨紧固。

(4)已初步固定的导轨与整列导轨作临时脱开(拧下连接导板螺栓),整列导轨下端面吊离已装导轨上端面约50mm,目的是用校导尺复测校正导轨,装一节校一节,直至完成整列导轨的安装。

(5)安装每节导轨上一档支架时,可能轿厢升限不够,可以考虑在轿顶固定一扶梯(3~4m)辅助延伸作业。

（6）当安装接近顶层时，需要预先将轿顶头顶保护装置和顶层工作平台拆除，再进行末节导轨安装，直至所有导轨支架及导轨安装校正完毕。

（7）当安装超高层电梯时，整列导轨可分段吊装。

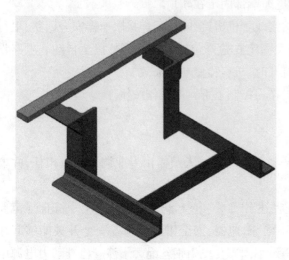

图8-17　层门地坎安装托架示意图

九、安装层门及其他设备

1.安装层门地坎　层门装置安装可以与导轨安装同时进行，也可以在导轨安装完毕后再安装层门装置。首先安装调节层门地坎，地坎面高度是参照最终层厅地面高度为依据，地坎进出以门垂线为参照，所以层门地坎成了层门的基准。根据无脚手架安装特点，可以利用轿底平面制作地坎托架，提高安装效率，如图8-17所示。地坎安装完成校核水平度与地坎平面高度，然后拧紧所有紧固螺栓。

2.安装层门立柱及挂架　有了地坎基准可将门立柱、门挂架依次安装到位，最后吊挂层门板、安装强迫关门装置。

3.井道其他设备安装　利用轿厢慢车运行安装井道部件有：安装井道控制电缆、安装分支接线盒、安装平层检测装置、安装上下限位并接线、调节门球门锁、底坑安全回路接线、增减对重铁至满足平衡系数要求等。

十、快车调试

电梯安装完毕，由专职调试人员进行调试快车运行。调试快车运行前需检查机房、井道、底坑、层门及轿厢等所有设备安装完毕，并拆除所有短接线。

上述检查工作完毕，对整台电梯做一次清洁润滑工作，然后开始调试快车运行。

十一、验收移交

电梯快车调试结束，对照GB/T 10060—2011《电梯安装验收规范》及TSG T7001—2009《电梯监督检验和定期检验规则—曳引与强制驱动电梯》要求及制造厂电梯安装验收要求，对电梯进行整机检验，所有项目均应符合要求。只有当自检合格后，才可以报电梯主管部门检验，验收合格取得合格证方可移交用户。未移交前电梯的安全事项仍由安装队监管。

移交电梯时，同时向甲方移交有关的随机资料、随机附件，移交电梯钥匙时需向用户特别强调，甲方仅有保管权，没有维修资质不准擅自打开层门等相关注意事项。并填好竣工移交单，由双方签字，甲方盖章后生效。

第七节　质量控制

电梯安装是制造的延续,安装质量直接影响后期电梯运行质量。因此,电梯安装过程的质量应严格控制,只有安装质量合格的产品才能交付用户。

一、电梯施工质量控制的一般要求

(1)安装施工中使用的施工工具、设备、工装和测量仪器,均需满足电梯安装标准规范和工艺文件的要求。使用的计量器具按照周期进行检定并处于校准状态。

(2)在实施电梯安装前,安装人员应对出厂的产品和随机文件进行验证,符合要求后进行安装施工,如发现有问题时,应及时进行信息反馈。

(3)电梯安装过程中必须严格按照安装工艺的要求进行施工,严格控制过程施工质量,施工质量符合验收规范要求。

(4)施工过程中必须按要求做好各项安装质量记录。

(5)电梯安装结束报验前,应首先进行自检,自检内容应覆盖电梯安装各道工序和验收规范的电梯安装质量要求。自检及验收过程中发现的质量不合格项应及时整改直至合格,不放过任何不合格项。

二、无脚手架施工质量控制要求

(1)无脚手架安装一般由3~4人即可完成,人员的减少,相对而言对安装人员的技能要求较高,基本上需要各参与人员技能比较全面,至少有对机械、电气相当熟悉的人员各一名,需要一名焊接技能中级以上的焊工。

(2)无脚手架安装工艺的特殊性,即工序不可逆,要求上道工序质量必须为下道工序作出保证,每道工序完成后必须复验合格再进行下道工序施工。

(3)导轨安装校正前,导轨校正工装必须进行校核,校正工装的设定状态正确无误。

(4)无脚手架施工中为具备慢车运行条件安装的电梯机械、电气零部件,其安装质量必须首先保证。因为无脚手架安装工艺的特殊性决定了各部件施工不是临时组装,而是最终安装质量的保证。

第八节　作业安全

一、施工安全要求

(1)电梯属特种设备,必须具备特种作业证及其他专业工种的上岗证方可作业。

(2)施工人员根据作业内容与要求,选择穿戴相应的安全防护用品。

(3)井道必须悬挂不少于两根生命线,施工人全身保险带必须挂靠在生命绳上作业。

(4)起重工具(钢丝绳、尼龙带)、电器工具、生命保障绳等均经过严格检查是安全的。

(5)正确选用起重及悬吊工具的承载能力,避免工具损坏带来的严重后果。

(6)顶层工作平台送入井道前,需由机房伸下钢丝绳与平台支架进行吊接,平台进入井道调至水平状态,机房端钢丝绳在可靠的吊挂点上固接,成为顶层工作平台的保险。

(7)轿厢活动操作平台与顶层工作平台及底坑严禁同时立体施工。

(8)对重侧井道壁经检查必须保证平坦无凸起,以免造成悬挂的对重架移动中受卡阻。

(9)顶层工作平台承载力为3000N,可承担2~3位施工人员的体重,但不应作承重载体。

(10)井道作业除物资输送进出口设置临时移动护栏及警示标志外,所有开口全部封堵并用密网围护,并确保强度至少能承受约1000N的力,保证人员和杂物不能进入井道,并在每层门口张贴安全警示标志。

(11)利用轿顶护栏将头顶保护结构与之捆绑,规避井道坠物对施工人员的伤害。

(12)若无安全防坠措施不得翻越头顶保护板或站在头顶保护板上作业。

(13)井道电焊施工,不得将导轨或垂吊钢丝绳当作电焊机回路及搭铁使用。

(14)安装层门及需要定点作业时,必须按下轿顶检修箱急停开关。

(15)带有轿顶轮电梯,在轿顶上作业时要采取措施防止工具跌进绳槽,或肢体卷入绳轮。

(16)进入底坑作业时,必须将控制柜上的安全开关按下(底坑检修盒尚未安装时)。

(17)无脚手架电梯安装工艺主张安装过程根本安全,切忌为追求效率省略必要的安全措施。

二、调试慢车安全要求

(1)动慢车前,限速器装置、安全钳、底坑缓冲器、上行超速保护、抱闸等主要安全部件必须安装调试完毕,确保在动慢车过程中能起到应有的安全保护作用。

(2)慢车调试、井道安装开始前,必须切断控制屏内快车启动运行电路,确认电梯处于检修状态,并对开关进行锁闭,动慢车施工期间不得改变控制屏内设置状态。

(3)轿顶操纵必须有安全回路切断开关、急停开关、防脱轨行程开关,且有效。保证电梯能够在需要时及时停止运行。

(4)慢车施工,电梯启动前先查看对重架与轿厢的相对位置,接近交会时提醒施工人员注意。

(5)进行焊接操作时,必须采取防溅措施,以免焊渣损伤电缆、钢丝绳、零部件。并时刻关注明、暗火是否会引燃相近物品。

(6)电梯机械、电气部件安装完毕,必须首先接通所有层门、轿门连锁及其余安全回路,拆除为井道安装工作设置的所有短接线,需要测试确认的按规定进行测试复核。

(7)进入快车调试期间,严禁对任何电气安全回路进行短接。

本章小结

　　本章工艺过程对"动慢车"的必要的安全条件进行了规定。并对井道部件的安装方式进行了探索,即采用效率较高也较可行的"整条导轨"装接的工艺方式,包括轿厢导轨与对重导轨按此法装接、安装。对超高层电梯可分两次或两次以上多段安装。同时对作业安全提出更高要求,因这关系到此无脚手架安装工艺的安全根本,绝不能出现因安全措施不到位而发生人员伤亡事故。

思考题

1. 除用建筑钢管搭建顶层工作平台外,用其他材料如何搭建?
2. 电梯无脚手架安装工艺其实施的前提是什么?
3. "动慢车"是什么概念? 有哪些必要的保证条件?
4. 质量控制除常规电梯安装质量外另需控制什么?
5. 顶层工作平台允许运送材料(对重铁、钢丝绳)吗?
6. 动慢车时对重架上半段是在井壁上开"无轨电车",安全如何保证?
7. 简述对重架下半段入轨的工艺过程。
8. 请思考后提几点对"整轨"安装更安全、更可靠的改进建议。

■第九章　自动扶梯与自动人行道安装

第一节　安装前的准备

一、安装资料的收集

获取并熟悉销售、安装合同,及用户确认的土建图以及相关附件信息,保持与客户联系,跟踪扶梯土建工程进展。

二、编制施工方案

根据国家法律、法规、规范、地方性行业指导文件及与业主签订的合同条款和工程实际工况、进度编制施工方案,内容应包括工程概况,编制依据,施工总平面布置图,根据质量、安全、文明作业确定工作目标,施工组织部署,施工总进度计划,主要施工方法及技术措施,质量保证措施,安全保证措施,文明施工措施,施工准备工作计划,设备、主要材料、施工机具、计量器具计划,劳动力需求计划,紧急情况处理措施等。

三、现场土建跟踪

首先获取自动扶梯销售单位提供的经三方(用户、设计、设备供应商)确认的土建图,根据土建图所示要求对现场进行勘察。

1. 确定自动扶梯卸货区域、设备盘路运输通道　卸货区域要注意周边环境、障碍物、高空架设线等,有利于卸货方法和吊机吨位的确定。自动扶梯盘路运输通道要注意高度、宽度及回转空间。若受到客观条件限制,应根据现场情况对自动扶梯、自动人行道进行分段,满足吊装盘路要求。此勘测工作应在合同签订前完成,以便分段情况在合同中注明。因为整体桁架出厂后是无法分段的。特别注意:设备不允许侧卧搬运。

2. 对现场自动扶梯土建进行测量　首先应获取现场的建筑标高和轴线,明确所有自动扶梯的空间位置,并做到与图纸一一对应,测量数据应记入测量报告。其测量的基本内容如下:

(1)提升高度测量。测量自动扶梯搁置楼层土建支承梁口的建筑标高垂直距离。用吊线法测量时,应注意线坠定位点的建筑标高与自动扶梯下支承梁处的建筑标高之间有无落差,可以通过水平线来检验。

(2)投影尺寸测量。测量上、下支承梁之间的梁边投影距。测量方法是:在上支撑点吊线到地面定位,然后再测从定位点到下支承梁边缘的水平距离。

(3)自动扶梯宽度测量。测量架设自动扶梯的空间宽度应大于扶梯桁架宽度。

（4）测量底坑（若有）的长度、宽度、深度。

（5）自动扶梯上部开孔测量。测量上部楼板开孔长度，其长度 $\geqslant [(2300+S)/\tan\alpha] + LU$，是保证自动扶梯净空高度（2300mm）的关键，另外，还要请建筑师提供楼板边缘装饰的高度 S，这和 2300mm 同样相关，如图 9 - 1 所示。

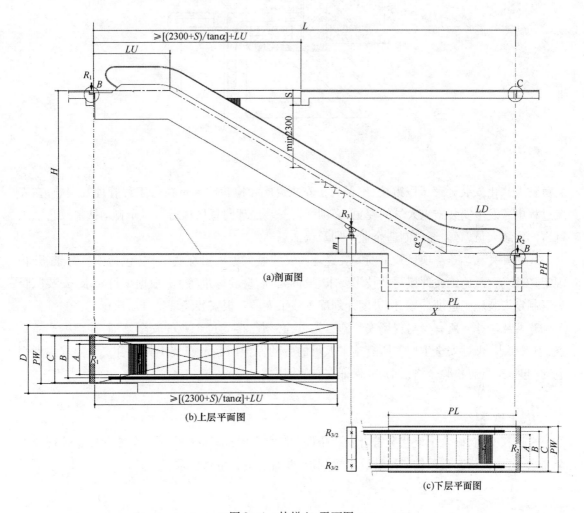

图 9 - 1　扶梯立、平面图

（6）测量上、下支撑梁和中间支撑。测量上、下支撑梁的长（自动扶梯的宽度）、宽（自动扶梯与支撑梁搭脚的深度）、高（是支承面与装饰完成面之间的距离），测量中间支撑的长（下部支撑梁与中间支撑中心线的距离）、宽（自动扶梯的宽度）、高（支承面与装饰完成面之间的距离），并应有预埋钢板，如图 9 - 2 所示。

四、人员资质及施工交底

1. 施工人员名单及相关资质文件交底工作　安装单位应在项目开工前提交所有施工人员（含设备起吊，脚手架搭设等特种作业）的名单及相关资质文件，指定安装监督及安装队长（安

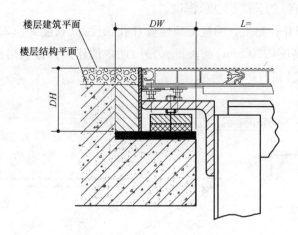

图9-2　楼层支撑剖面图

装负责人),由安装经理予以审校,确保具备安装资质和检验的人员执行工程管理及实施;在安装过程中若发生安装施工人员的变更,必须征得安装经理同意后执行。对于自动扶梯及自动人行道的安装人员,必须经过制造企业培训及认证。

2. 项目交底工作　项目开工前安装经理向安装监督做项目交底工作(包括项目背景、开箱规定、安装流程、施工文件填写及技术要求、投诉处理、检验标准等)。根据项目要求,安装队长负责制定安装施工进度计划,按进度计划配置施工人员。报安装经理批准后执行。

3. 其他工作　所有参与现场安装施工人员,必须已接受过企业的安全培训,并根据产品特点、项目要求,做好安全生产。所有施工人员的劳动保护用品及安装工具符合安全要求。大型电动/起重工具有检验合格证书,并保证在有效期内。

五、土建交接

井道移交前,确认土建状况符合安装条件,井道邻边防护及防坠入安全警示标志等符合安全要求,自动扶梯起重吊钩或吊装孔设置到位,并符合负载承重要求。

第二节　运输、拼接、吊装及调整定位

一、自动扶梯运抵工地现场

(1)会同业主或监理及供应商代表检查自动扶梯外观情况,确保完好无损,并签字接收。

(2)根据设备重量及外形尺寸,选择起重钢丝绳的规格与长度。

(3)自动扶梯吊点位置必须是生产单位指定的吊点。如图9-3、图9-4所示。

(4)将自动扶梯小心地调离卡车。

(5)在使用起重机卸运时,要确保吊索的长度至少等于自动扶梯的长度。

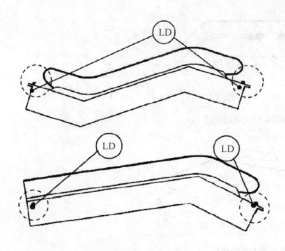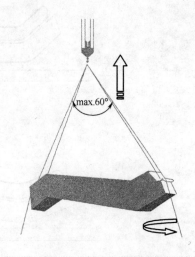

图9-3　扶梯吊点示意　　　　　图9-4　起吊示意图

（6）通过连接在自动扶梯上的绳索来进行必要的回转。

二、平面运输时注意事项

（1）确认平面运输道路、楼板等的承重可满足自动扶梯重量。

（2）做好平面运输通道周边的警示防护。

（3）保护平面运输通道的地面。

三、多段拼接

1. 自动扶梯桁架拼接　其施工步骤为：

（1）上下段扶梯的对接两段靠近，在水平与垂直方向校准。

（2）把两段逐步推进，把定位销插入定位孔，把两段靠拢至无间隙，插入高强度螺栓均匀紧固。

（3）一旦扶梯对接完毕及校准直线以后，必须检查所有高强度螺栓。对每个螺母施加相应的力矩来做检查（一般测试力矩比紧固力矩增加约8%）。

2. 没有中间支撑的多分段自动扶梯的就位　由于没有中间支撑，自动扶梯段可在搁置到支承上之前就在地面上进行拼接。但要考虑自动扶梯两端起重环的承重要求，能满足自动扶梯对接后的整体重量，如图9-5所示。

3. 有中间支撑的多分段自动扶梯的就位　带有一个或多个中间支撑的扶梯，扶梯各段只能分开吊装。整体吊装将造成超出扶梯最大跨距，桁架（变形，各弦杆弯曲）和对接接头（螺栓所受张力负载）不能承受由此产生的负载。

（1）带中间支撑的装配顺序。

①从张紧站端部支撑到第一个中间支撑的部分。

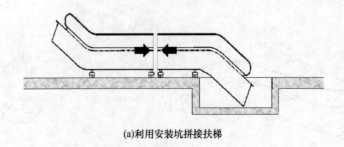

(a)利用安装坑拼接扶梯

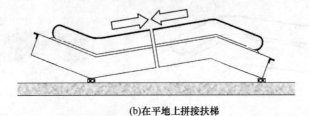

(b)在平地上拼接扶梯

图9-5　分段扶梯拼装示意图

②从第一个中间支撑到第二个中间支撑的部分。

（2）带有两个或两个以上的中间支撑。

①从第二个到第三个中间支撑的部分,从第三个到第四个中间支撑的部分,以此类推。

②从最后一个中间支撑到驱动站端部支撑,如图9-6所示。

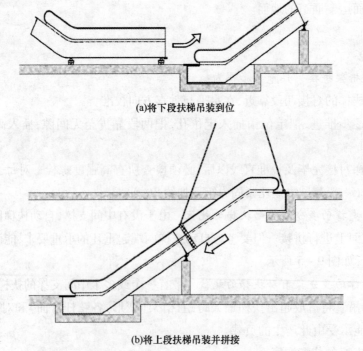

(a)将下段扶梯吊装到位

(b)将上段扶梯吊装并拼接

图9-6　带中间支撑的安装示意图

四、吊装

1. 确认吊钩承重　起吊前确认起吊点吊钩的承重,确保吊装安全。

2. 起重吊挂点选择　如楼板承重不够,可设置工字钢架空在两端楼板梁上承重,如图9-7所示。

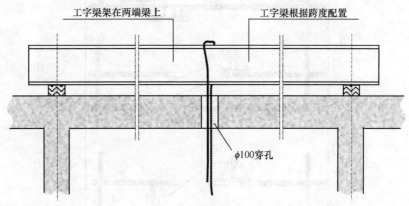

图9-7　起重吊挂点选择

3. 一般吊装方式

(1)从下至上吊装,如图9-8所示。

(2)从上至下吊装,如图9-9所示。

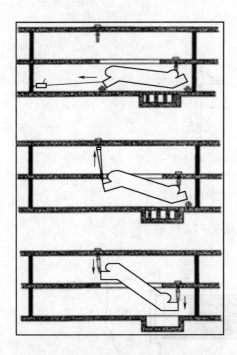

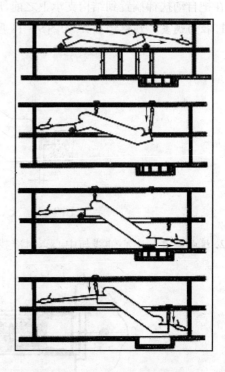

图9-8　从下至上安装就位演示　　　　图9-9　从上至下安装就位演示

(3)利用龙门架(作业工具)吊装,如图9-10所示。

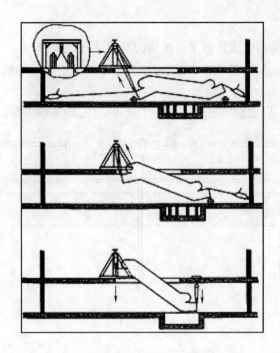

图9-10 用龙门架作业的安装就位演示

五、调整定位

在把自动扶梯搁置到结构支承上之前,应径向和横向调整自动扶梯。

1. 径向调整 观察距离A,如图9-11所示。

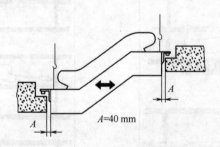

$A=40$ mm

图9-11 上、下两端与建筑间隙调整

2. 横向调整 中心轴线与中心点对准找正,如图9-12所示。

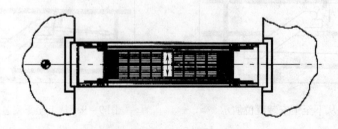

图9-12 中心轴线的调整

为便于对自动扶梯的准确定位,可借助撬杆或液压千斤顶来移动。

第三节　机械部件、电气系统及安全保护装置安装

一、机械部件的安装

1.自动扶梯水平调整　在机械部件安装前。应先要调整自动扶梯的水平。如果有中间支撑的还要调整运行导轨的直线度和中间支撑位置的水平。

(1)纵向水平调整。在梳齿板3中央和完工地面4之间放置一个水平尺2(或者尺子加上水平尺)。使用两个外侧高度调整螺丝1调节梳齿板到完工地面高度,如图9-13所示。

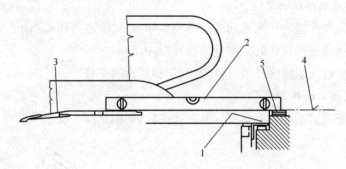

图9-13　纵向水平调整
1—高度调节螺丝　2—水平尺　3—梳齿板
4—完工地面　5—完工地面水平参考点

如果端部支承调水平时,地面装修尚未完工,土建方必须提供另外的参考点(例如标高线)。水平调整要借助水平管或三脚架经纬仪进行。

(2)横向水平调整。

①在梳齿板3前的第一个梯级或踏板6上放一个精密水平尺2(精密水平尺最小长度:300mm)。通过调节外侧的两个高度调节螺丝1,将梯级/踏板调至水平。如图9-14所示。

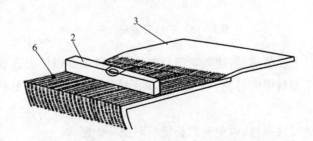

图9-14　横向水平调整

②检查梳齿板3对应于完工地面4的安装状况。

(3)中间支撑部位的水平调整。

①安装自动扶梯导轨直线度控制线,固定在自动扶梯主导轨两端。

②调整自动扶梯中间支撑的高度,使导轨平行于控制线。

③固定中间支撑调节螺栓,确保螺栓不能松动。

2. 导轨和梯级链对接

(1)通常遵循从下至上的原则。

(2)导轨接口要求平整。如需打磨,修光长度宜长不宜短,注意不能在接口处形成明显凹口,否则必将影响运行舒适度。

(3)返轨对接完成后,先对接返轨处的梯级链,再接主轨和主轨处的梯级链。

(4)在对接梯级链时,应特别注意梯级固定件拆除的先后顺序和张紧站张紧弹簧的放松,梯级链对接完成后,张紧站张紧弹簧按要求张紧。

3. 分段处围裙板及梯级安装

(1)围裙板安装要注意与梯级的间隙。单边≤4mm,对应边总和≤7mm。

(2)围裙板与围裙板的接缝处应平整,间隙应≤0.5mm。

(3)自动扶梯分段处的梯级补缺,这样有利于护壁板的安装。

4. 扶手栏板及相关组件安装

(1)检查护壁板夹紧组件及夹紧型材并安放夹衬,如图 9-15 所示。

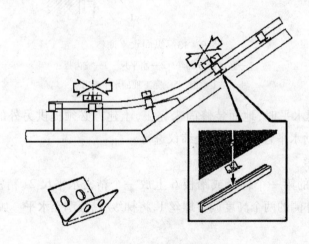

图 9-15 护壁安装安放夹衬

(2)放松夹紧组件上夹紧螺母,使夹紧型材能放到组件底部以便更有利于护壁板的安装。

(3)检查清除夹紧型材中的异物,以免护壁板无法正确安装,特别是玻璃护壁板碰异物极易破碎。

(4)在夹紧组件处安放夹衬,以免夹紧护壁板时损坏护壁板。

5. 护壁板安装

(1)先安装下曲线段处护壁板,使护壁板下端面垂直于地面、上端面垂直于自动扶梯倾斜角,从下至上安装,且与夹紧型材垂直,紧固夹头,如图 9-16 所示。

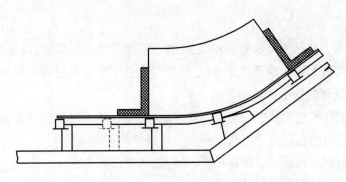

图 9 - 16　护壁板安装方法

（2）安装玻璃护壁板时，相邻壁板间应放置专用衬垫，既可防止玻璃板在安装时意外损坏，又可保证玻璃护壁板间隙的一致与均匀，间隙应控制在 2～3mm，但不能小于 1mm 和大于 4mm，如图 9 - 17 所示。

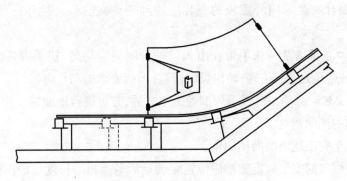

图 9 - 17　护壁安装安放衬垫

（3）护壁板应竖直，可用水平仪来检查。校正可松一下螺钉 9，自动扶梯上下端两侧护壁板的间距应保持一致，误差小于 10mm，如图 9 - 18 所示。

6. 扶手支架安装　扶手支架是支撑扶手带，连接扶手导轨，固定护壁板及扶手照明装置的部件。

（1）在安装扶手支架前，应在护壁板和扶手支架间粘贴或安放垫条，使扶手支架固定或张紧在护壁板上及防止支架和玻璃栏板直接接触造成玻璃损坏。

（2）扶手支架接缝应平整光滑、无波浪形起伏、无毛刺、无台阶，接缝缝隙应≤0.5mm。

7. 扶手带导轨安装　扶手带导轨安装在扶手支架上，起着扶手带运行的导向作用。

（1）扶手带导轨与扶手支架连接应可靠。

（2）接缝光滑、无波浪形起伏、无毛刺、无台阶，接缝缝隙应

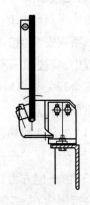

图 9 - 18　护壁板竖直的调节方法

≤0.5mm。

8. 扶手带安装

(1)展开扶手带并将扶手带放置在梯级上,做好扶手带表面的保护,以免被梯级齿槽划伤。

(2)先将扶手带安装在上端部扶手导轨上,使其在扶手带安装过程中不会下滑。

(3)安装返程区域的扶手带。

①扶手带驱动部位:包括扶手带与摩擦轮、换向轮、压带(压轮)之间的正确安装。

②扶手带张紧部位:包括扶手带与压带导向轮组件的正确安装。

③扶手带直线部位:包括扶手带与托轮、导轮之间的正确安装。

(4)将扶手带安装在下端部扶手导轨上。

(5)最后将扶手带从上至下全部安装在扶手导轨上。

(6)通过调节压带(压轮)组件上连杆的弹簧尺寸,张紧压带(压轮)。

(7)通过调节扶手带张紧组件上连杆的弹簧尺寸,张紧扶手带。手动向上盘车使返程区域扶手带成松边,观察扶手带托轮间扶手带的绕度。

9. 内外盖板型材安装 内外盖板的安装应做到平整,连接紧密牢固。台阶、连接缝隙≤0.5mm。

10. 扶手带入口装置安装 扶手带在出入口处的间隙应均匀,扶手带进出不碰擦,无异常声。扶手带入口触点开关安装正确,动作灵敏,符合国标要求的动作力。

11. 地面盖板安装 必须在完成下列准备工作之后,方可进行地面盖板的安装:

(1)自动扶梯的侧向调整。

(2)自动扶梯至完工地面的高度调整。

(3)地面盖板框架的安装。框架前后位置应满足活动盖板的长度加梳齿前沿板活动值,框架对角线相等,框架中心线与自动扶梯中心线重合。地面盖板框架的高度调整应略高于地面装饰完成面2mm。

二、电气系统与安全保护装置的安装

为确保自动扶梯及自动人行道在运行中乘客和设备本身的安全,自动扶梯及自动人行道设置了一系列安全保护装置,因此在现场安装时,要认真安装调整,避免运行中发生事故。现场安装过程中,应按照国家相关的规范以及生产厂家提供的安装说明书中的技术要求,逐一调整好所有安全开关与机械触发动作的间隙,保证开关接线正确、牢靠。开关动作可靠、有效。安装时应注意如下几点:

(1)在自动扶梯设备通电调试前,检查设备的接地情况,确保接地良好。

(2)安全开关按技术要求安装完毕,且安全回路在正常状态应处于通路状态。

(3)由土建方为自动扶梯供电而提供的空气开关及电缆的容量应满足设备所需,电压波动的允许范围应在±7%以内。

第四节　调试与检验

一、调试

1. 调试条件

(1)梯级/踏板、扶手带应清洁,梯级/踏板与围裙板、扶手带与扶手导轨间无异物,并保持适当的间隙。

(2)机房清洁应完毕,无进水现象,并保持干燥。

(3)梳齿板整洁完整,与梯级齿槽间隙符合要求,安全保护功能有效。

(4)主驱动链、扶手带驱动链润滑良好,张紧适当。

(5)扶手带张紧弹簧、多楔带张紧弹簧调整到位。

(6)所有安全开关调整完毕,并能正常工作。

(7)三相电源开关功能可靠,机房电源插座、检修插座及照明功能有效、可靠。

(8)减速机油位在工作位置,润滑油无渗漏现象。

2. 调试前的检查要点

(1)梯路运行平稳,基本状态良好。

(2)安全回路无任何短接线。

(3)供电电源零线、地线铺设符合要求,桁架与电气设备外壳应可靠接地。

3. 调试过程记录

(1)三相电源。电压值符合要求。

(2)工作制动器。机械动作灵活可靠。

(3)附加制动器。机械动作灵活可靠。

(4)系统导入。待运行状态。

(5)钥匙开关启动。功能正常。

(6)正常运行中。工作制动器、附加制动器、速度检测、梯级/踏板缺失检测、运行方向监控、扶手带速度检测等部件及传感器的功能正常。

(7)停止运行。正常停车、紧急停车、附加制动器功能正常。

(8)技术测试。上/下行制停距离、自动润滑装置检查、超速/欠速模拟、变频器参数及功能。

二、检验

在满足国标最基本要求的前提下,根据各企业标准对自动扶梯进行自检验收。

1. 与建筑相关的检验内容

(1)空间高度:梯级上方的垂直净高度应≥2.3m。

(2)安全提示:在与楼板交叉处以及各交叉设置的自动扶梯之间,应在外盖板上方设置一个无锐利边缘的垂直防碰挡板,其高度不应小于0.3m,且至少延伸至扶手带下缘25mm处。

(3)扶手带安全距离:扶手带外缘与墙壁或其他障碍物之间的水平距离在任何情况下均不得小于80mm。

(4)疏散区域:出入口应有充分畅通的区域以容纳乘客,该区域的宽度至少为扶手带外缘之间距离加上每边各80mm,其纵深尺寸从扶手装置端部起至少为2.5m。如果该区域的宽度增至扶手带外缘之间距离加上每边各80mm的2倍及以上,则其纵深尺寸允许减少至2m。

2. 与产品相关的检验内容

(1)随机资料文件。

①总体布置图齐全、有效。

②安装、使用、维护说明书齐全、有效。

③电气原理图、接线图齐全、有效。

(2)安装单位提供的文件。

①由使用单位提出的,经制造企业同意的变更设计的证明文件(如有)。

②安装单位的自检记录。

(3)上、下机房。

①上、下端机房:应无杂物、无油污、无积水。

②上、下端出入口框架:出入口框架固定到调整螺栓上,框架应平整,螺栓应坚固。框架中心和扶梯中心对齐。框架与上、下端楼层盖板每边的间隙均匀。

③上、下端梳齿踏板、楼层盖板(活动盖板):应平整,无损伤,固定可靠。若有纹路须对齐。

④电气照明:检查驱动机房、转向站的电气照明装置,应为常备的手提行灯。

⑤电源插座:在每一驱动和转向站处应配备一个或多个2P+PE型电源插座。

⑥电源开关:应设一个主开关,有明显标志,功能可靠。不应切断插座和检修灯的电源。

⑦系统接地形式:供电电源零线(N)、地线(PE)应始终分开。接地线截面积应符合要求,接地线为黄绿双色绝缘线。

⑧桁架与电气设备外壳接地:桁架与电气设备外壳应可靠接地。接地线应分别直接接至接地端,不得串接后再接地。

⑨制动器触点开关或电磁开关:功能可靠。

⑩手动盘车使用说明:应在手动盘车装置附近备有使用说明,并明确标明自动扶梯的运行方向。

⑪减速机油位:油位正确,无渗漏。

⑫主驱动链:润滑良好,张紧适当(松边下垂量:10~15mm)。

⑬梯级驱动链弹簧张紧长度:按企业标准,且两边压缩值一致。

⑭室外梯:是否有积水坑并安装抽水泵或有其他强排水系统,油水分离器是否正确安装。

(4)扶手带、扶手栏板。

①扶手带状况:表面光滑,无机械损伤。

②扶手带防偏轮:安装位置正确。

③扶手带运行:摩擦轮与扶手带内侧必须对中,无侧向力,无任何碰擦。进出口须居中,不碰擦扶手带入口保护装置。

④扶手带阻停试验:下方向运转扶梯,用手试着将扶手带阻停,阻停力应足够大,符合技术标准。

⑤扶手带驱动链张紧下垂量:润滑良好,张紧适当(松边下垂量:10～15mm)。

⑥扶手带张紧:上行一周后,在下分支托轮间直线段上的挠度(下垂量)按产品设计。

⑦扶手带张紧弹簧净长度:根据产品设计要求。

⑧多楔压带张紧弹簧:根据产品设计要求。

⑨扶手导轨装配:接缝紧密光滑,无波浪形起伏,无毛刺,无台阶,接缝缝隙应≤0.5mm。

⑩扶手栏板(玻璃):间隙上下均匀,要求1～4mm,垂直度≤2/1000。

⑪扶手栏板(其他材料):间隙上下均匀,要求≤0.5mm,左右扶手带中心距一致。

⑫扶手栏板垂直高度:符合国标及合同要求。

⑬安全标志:上、下端出入口栏板或近旁应张贴安全标志。

(5)梯级、梳齿板、围裙板。

①在自动扶梯的载客区域,梯级踏面应是水平的,允许在运行方向上有±1°的偏差。

②梳齿与梯级啮合对中:自由通过,无碰擦。

③梳齿与踏面齿槽的啮合深度:不应小于4mm。

④梯级与围裙间隙:单边≤4mm(推荐2～4mm),对边之和≤7mm。

⑤梯级、梳齿板:完整无损伤。

⑥导轨接头:各部分导轨接头接缝光滑平整,无明显的台阶。

⑦梯路运行:运行平稳,无碰撞、碰擦和异常声响。

(6)安全装置。

①扶手带入口保护装置:运行时,人为动作保护装置,扶梯应立即停止运行。

②围裙板安全装置:动作灵敏可靠。

③基础盖板触点:工作正常。

④梳齿板安全保护装置:扶梯静止时,在梳齿板中心向前沿板施加适当的水平作用力或(和)向上用力抬起梳齿板,梳齿板必须能移动,安全触点必须动作。

⑤紧急停止标志:紧急停止装置应涂成红色,并在此装置上或紧靠它的地方应标有"停止"中文字样。

⑥紧急停止开关:功能可靠。

⑦附加紧急停止开关,紧急停止开关之间的距离规定:自动扶梯,不应大于30m;自动人行道,不应大于40m。为保证上述距离要求,必要时应设置附加紧急停止开关。

⑧检修操作盒急停按钮:功能可靠。

⑨断、错相保护装置:断、错相保护装置功能完整,动作准确可靠。

⑩梯级塌陷触点:静止时人为动作保护装置(上、下方向),扶梯应不能启动。触杆与梯级轴、梯级钩的间隙为3～4mm。

⑪主驱动链断裂开关(双排链):功能可靠。

⑫梯级链监控触点:功能可靠。

⑬梯级监测接近开关:功能可靠。

⑭接近开关触发器和梯级凸边:间隙为(6 ± 2)mm。

⑮扶手带速度监控器:运行时人为使其停止工作,扶梯应停止运行。

⑯端站(由设计设定)控制箱急停按钮:功能可靠。

⑰检修操作盒:要求功能正常。当使用检修控制装置时,其他所有启动开关都应不起作用。当连接一个以上的检修控制装置时,或者都不起作用,或者需要同时都启动才能起作用,安全开关和安全电路应仍起作用。

(7)功能测试及检查。

①运行控制钥匙开关:功能可靠,动作方向与运行方向一致。

②自动运行功能:功能可靠。运行方向显示器:上行时,张紧段为绿色箭头灯,驱动段为红色信号灯,反之信号相反。对于自动启动的扶梯,如果使用者从与预定运行方向相反的方向进入时,自动扶梯仍应按预定的方向启动,运行时间应不少于10s。有使用者通过时,自动启动的自动扶梯的运行时间至少为预期乘客输送时间再加10s后,才能停止自动运行。

③制停距离:空载和有载向下运行自动扶梯的制停距离应符合表9-1的规定。

表9-1 自动扶梯的制停距离

名义速度(v) (m/s)	制停距离范围 (m)
0.50	0.20 ~ 1.00
0.65	0.30 ~ 1.30
0.75	0.40 ~ 1.50

注 制停距离应从电气停止装置动作时开始测量。自动扶梯向下运行时,制动器制动过程中沿运行方向上的减速度应不大于$1m/s^2$。

空载和有载水平运行或有载向下运行自动人行道的制停距离应符合表9-2的规定。

表9-2 自动人行道的制停距离

名义速度(v) (m/s)	制停距离范围 (m)
0.50	0.20 ~ 1.00
0.65	0.30 ~ 1.30
0.75	0.40 ~ 1.50
0.90	0.55 ~ 1.70

注 制停距离应从电气停止装置动作时开始测量。自动人行道水平运行或向下运行时,制动器制停过程中沿运行方向上的减速度应不大于$1m/s^2$。

④附加制动器:提升高度超过6m,公共交通型自动扶梯以及倾斜式自动人行道均应设置附加制动器,且为机械式的。断开主电源,人为松开制动器,扶梯向下盘车,要求功能可靠,动作正常。如为左右双附加制动器,应保证左右制动器同步。

⑤扶手带与梯级速度：偏差为0 ~ +2%。

⑥各运动或旋转部件：动作灵活可靠。

⑦自动加油装置：工作正常。

⑧加热装置：工作正常。

⑨水位监控：功能可靠。

⑩烟雾探测器：工作正常。

⑪机房照明装置：完好，功能正常。

⑫围裙板照明：工作正常。

⑬梯级间隙照明：完好，有效。

⑭扶手照明：完好。

⑮梳齿板照明：完好。

⑯围裙板防夹装置（毛刷）：设计与安装符合扶梯规范要求。连接紧密牢固、美观。

（8）外观检查。

①清洁卫生：梯级、内外盖板、玻璃护壁、扶手带、上下端盖板、围裙板等部位应干净、清洁，无油污。

②聚氯乙烯（PVC）装饰条和玻璃夹紧封条：连接紧密、美观，固定铆钉齐全。

③内盖板装配：连接紧密牢固。台阶、连接缝隙≤0.5mm。

④外盖板装配：连接紧密牢固。台阶、连接缝隙≤1mm。

⑤围裙板拼接：连接表面光滑。无台阶，连接缝隙≤1mm。

⑥钥匙开关的标识：开关的指示装置上应有明显识别运行方向的标记。

⑦标识：各电源开关、检修盒均应有中文标志。

第五节　质量控制及作业安全

一、质量控制

施工现场应建立完善的安装过程质量审核体系，主要审核内容有：

（1）现场人员情况。现场操作人员持证和所安装产品的培训情况。

（2）现场产品的保护。审核现场开箱检验移交记录，现场材料存放等。

（3）吊装定位过程。审核土建勘测报告书，自动扶梯吊装就位与土建图是否一致等。

（4）审核质量记录。审核安装过程记录表的填写情况及关键节点是否实施了监控等。

（5）抽查自检项目。抽查安装过程记录及检查部分自检项目。

（6）总结检查结果。总结并评判审核结果。

（7）列出整改清单。列出不合格项、整改期限和整改负责人等。

（8）纠正和预防措施。对需要采取预防措施的一些问题进行跟踪处理。

（9）关闭所有整改项目。对整改项进行跟踪及验证直至关闭。

二、作业安全

在自动扶梯安装过程中,吊装和产品保护工作是现场施工的难点,所以在吊装施工前要详细规划施工方案。

1. 卸货点方案确定的要素　周边环境、架空线、地面路基情况、汽车吊(吊机)的工作半径和起重吨位的匹配。

2. 联运通道的确定　根据建筑物的布局情况,合理规划盘路路线,必要时对自动扶梯设备进行分段。

3. 起重方案的确定　根据自动扶梯布置情况,确定吊装的先后顺序。划定安全区域,告知相邻施工单位,严禁交叉施工,做好起重设备的检查工作,且必须符合安全法规的要求。

现场起吊操作人员必须持证上岗,安全劳防用品穿戴正确。另外,还要符合高空安全作业规范要求。

4. 安装竣工后与产品保护要素(影响产品最终的外观质量)的确定

(1)工作开始前准备。

①到达工作区域后应首先通知管理人员,然后方可开始工作。

②"暂停使用"标志必须放置于醒目的位置,以友情提示的方式告知乘客。

③在自动扶梯及自动人行道的两端设置充分、适当的安全围栏以防止未经许可的人员进入施工区域。

(2)电气系统使用注意事项。

①主电源开关应上锁及设置警示牌,使其处于"零能量"输出的状态。

②关闭设备前确保没有乘客使用自动扶梯或自动人行道。因扶梯的突然制动可能导致乘客跌倒,从而引起事故。

③将钥匙从"正常/检修"位置移至"检修"位置并验证急停按钮。在使用钥匙关闭设备时切勿将其遗留在锁孔内;应将钥匙随身携带,尤其是在离开工作区域的时候。

④特别注意老式设备,因为老式设备的控制面板未配备保护盖。

⑤进行任何类型的保养之前,都应验证自动扶梯或自动人行道的急停按钮有效,并将其置于"停止"的位置。

(3)在自动扶梯与自动人行道上工作的注意事项。

①所有自动扶梯的润滑保养必须通过手动移动设备进行(而非自动运行)。润滑过程应逐步进行,即锁定设备润滑部分导轨,然后解除锁定并移动设备,再次锁定设备,润滑另一部分,依次进行。切勿在设备移动时直接进行润滑工作。

②开始保养或修理前应使用吸尘器去除自动扶梯桁架内的灰尘和污物。

③清洁时,应保证充分通风并采取预防措施以避免在有限的自动扶梯楼梯井空间内吸入有害气体。如有必要或在化学品标签上有规定,则应使用适合的呼吸器。

(4)涉及拆除梯级或踏板的工作注意事项。

①确保设备处于机械固定及电气锁闭状态。可通过给梯级上绑带,或使用结构钢管支撑梯级而进行机械固定,从而防止设备移动。

②拆卸梯级或踏板时,使用正确的搬运姿势。

③小心不要坠入梯级移除后敞开的缺口中。

④切勿在梯级轴上行走，因某些情况下梯级轴可能会移动并导致员工坠落。

⑤拆除梯级或踏板后，务必在开口的后方作业。

⑥如需拆除上机房或下机房的盖板，应将其存放于安全处。施工结束后或暂时停止后必须立刻放回原处填补驱动与返回站中的空间。

（5）施工期间注意事项。

①在转动的设备上施工时，应采取预防措施以避免身体或工具被钩住或卷入设备。取下所有可能被转动部件钩住的物品或饰物，例如手表、手镯、手链、口袋或皮带上的工具等，并小心所有的啮合点。

②作业期间，如果自动扶梯必须处于无人看护状态，应确保切断电源并上锁或挂牌。并在设备的两端设置安全围栏。

③自动扶梯内有员工工作时决不能闭合主电源开关。

④对于自动扶梯或自动人行道的某些保养工作，若必须使用短接线或短接头，只能作为最后手段使用，工作结束切记立即拆除，并恢复原状。

（6）工作完成后注意事项。

①工作完成后，确保工作区域和设备完全处于安全状态是每个员工的职责所在。

②确保所有人员及工具都已撤离。操纵开关的员工应能够观察整个自动扶梯，以确保设备恢复正常运行之前自动扶梯上没有其他人在工作。

③将所有安全装置及安全回路恢复正常状态。确认短接线已经去除。

④确保自动扶梯恢复正常状态，观察两个完整的转动周期以确认扶梯工作正常。

⑤离开大楼前，如果设备恢复使用，去除所有"暂停使用"的标志。在离开前通知大楼管理员或经理。

本章小结

本章对自动扶梯及自动人行道的安装工艺流程作了较为详细的介绍。设备的现场吊装是整个安装流程中既是首要又是十分关键的工序，为此，文中对整体、分段，以及是否有中间支撑等多种结构形式的扶梯的吊装、拼接、定位、调整等工序结合了示意图分别做了描述；此外，结合了现行规范，叙述了机械及电气部件的安装，调整、调试及检验要点。

思考题

1. 自动扶梯现场勘测的主要尺寸有哪些？如何测量？

2. 自动扶梯的梯级链以及扶手带的张紧程度是如何调节的？

3. 自动扶梯及自动人行道上有哪些必备的安全保护装置？

4. 根据 GB 16899—2011《自动扶梯和自动人行道的制造与安装安全规范》规定，附加制动器在何种情况下是必须安装的？

5. 自动扶梯及自动人行道与周边建筑结构之间规定了哪些主要尺寸？

■第十章 电梯安装质量控制

电梯安装过程中最重要的三项核心任务为：把握施工进度、控制过程质量和关注实时安全。为了保证这三项关键指标均能得以顺利实现，在进入施工前就必须要根据该施工现场作业的具体状况来编制好必要的务实的（可实施与可操作性强的）电梯安装施工作业组织计划（方案）、电梯安装施工质量保证计划与电梯安装作业安全计划。以保证日后的施工进度状况、过程中各节点质量控制、过程中每时每刻的操作安全与实时管理等工作能有条不紊地进行。

电梯产品的特殊性为，其组装必须要在施工现场与建筑物相衔接后才能达到产品的最终实现，所以产品不可能在工厂进行总装而实现整机出厂。产品的最后一道工序要通过在现场的安装作业来予以完成，安装的质量问题就直接关系到了产品最终实现后的总体质量水平，所以电梯的安装在产品的提供中起着至关重要的作用。

本章以主要环节与重要部件安装的质量缺陷作为切入点，对缺陷的表象、缺陷产生的原因进行分析，并提出了解决方案与方法，不是简单地将标准、规范罗列出来，如何使散装的电梯零部件到工地组装成一个合格产品，则是本章要解决的根本问题。

电梯安装过程中的主要环节与重要部件如在安装过程中产生有质量缺陷又未被及时发现或解决滞后，有相当一部分内容会造成日后难以再弥补的产品最终质量问题。主要环节与重要部件的安装过程必须要严格按照"质量保证计划"中各节点的工艺要求与安装过程质量控制中所述的各节点、各要求、各步骤，都进行单项工序或工步的过程控制与检验，并严格执行上一工序或工步的检验合格后才能进行下一工序或工步的施工作业。下面就以安装过程中所需注重的几个主要环节与重要部件安装的关键点来加以阐述。

第一节 导轨支架的安装质量缺陷

电梯导轨支架在安装过程中产生的质量问题，如不及时地予以发现与纠正，将造成日后难以弥补或再行改进的质量缺陷。所以在导轨支架的安装过程中要求要做到一次安装到位，发现问题立即整改并确保后续不再发生。下面就以安装过程中较突出的并容易产生的质量缺陷来进行分析讨论，以便预防。

一、支架安装未达横平、竖直

1. 原因分析

（1）导轨支架平面不水平。

（2）导轨支架立面不垂直。

（3）导轨产生非正常作用的扭曲内应力。

2. 纠正措施　导轨支架安装过程应按各部位基本尺寸要求,应横平、竖直、尺寸到位。支架立面的不垂直将对紧固在其面上的导轨产生非正常作用,由此产生的扭曲应力造成支架与导轨互相间产生内应力,影响轿厢的运行质量和在导靴通过时易产生运行异声。

3. 预防措施　导轨支架的安装要严格按照工艺要求把各尺寸及时调整到位。利用附录5轿厢导轨支架安装过程检测记录及附录6对重导轨支架安装过程检测记录表式进行调整后记录、对比、再纠正。

二、支架中心偏差使整体受力不均

1. 原因分析　在井道混凝土壁或圈梁上钻打支架底模固定膨胀螺栓孔时,没有按照工艺要求按样板尺寸作定位标志(通常弹垂直与水平线交汇点为钻孔中心);在钻孔时遇到钢筋而无法定位至所需正确位置造成支架中心偏置较大。

2. 纠正措施　导轨支架安装过程要严格按照规范的工艺要求正确安装,在井道混凝土壁钻孔位置作定位标志。施工中采用质量和功率都符合相应要求的冲击钻及钻头将所遇钢筋打穿,或在保证支架间距离不大于2.5m的前提下更换至合适的位置,使支架底模正确定位。

3. 预防措施　导轨支架安装要严格按照工艺要求各尺寸及时调整到位,见附录7与附录8所示,避免因中心不正而造成导轨两压导板不在同一水平位置。

三、框式支架整列偏差大

1. 原因分析　侧置对重框式导轨支架整列从下至上两端角不在同一垂直位置、支架水平度偏差大,中心偏置大,造成安装内应力与支架整体受力不均。

（1）整列的端角不在同一垂直位置使(轿厢/对重)导轨中心相对位置产生偏差。

（2）支架立面不垂直,水平度偏差大。

（3）支架的三个中心(轿厢1/对重2)位置无法同时满足尺寸要求。

（4）导轨(轿厢/对重)与支架紧固后产生非正常作用的扭曲内应力。

2. 纠正措施

（1）侧置对重采用框梁式导轨支架,因支架主体较长,安装时应首先校正支架主体与两支脚间的垂直度、两支脚与轿厢导轨中心线位置、两支脚间平行、整列支架的两支脚内净尺寸均等、支架主体立面与两支脚立面安装后同直(立面均垂直)。

（2）支架定位时应按样板垂线尺寸要求同时保证各导轨中心(轿厢1/对重2)位置均正确到位。

（3）支架主体横梁与支脚的水平须同时进行校平。

3. 预防措施　支架安装过程要求各部位位置:

（1）横平。体现各支架主体横梁与支脚的水平须采用水平尺按要求同时校平。

（2）竖直。支架安装后立面尺寸竖直和整列支架在井道垂直方向位置等齐。

（3）尺寸到位。应体现支架主体与支架脚体的相对垂直与平行度、支架拼装时的平行面与立面垂直、支架安装后各平面、立面、尺寸、各压导板孔的位置中心线都正确到位(保证在一定的质量许可范围)的质量度量。

四、基面不平产生扭曲

1. 原因分析　导轨支架所安装的墙面不垂直或不平整,使支架底模在与埋件螺栓紧固时产生扭曲变形。

(1)导轨支架所安装的墙面不垂直。

(2)导轨支架所安装的墙面凹凸不平。

(3)底模预埋件螺栓紧固时产生扭曲变形。

(4)支架在安装后的扭曲、变形对紧固后的导轨产生非正常作用的内应力。

2. 纠正措施　导轨支架安装位置的墙面须按要求进行垂面与平整度处理后再重新安装,支架在凹凸不平墙面紧固后产生了变形量太大的必须更换。

3. 预防措施　导轨支架在安装前应对所安装位置的墙面按要求进行检查,并在安装前及时进行处理(需提前并考虑到土建养护期)。

五、安装固定未达到相应强度要求

1. 原因分析　在井道混凝土壁或圈梁上钻打支架固定膨胀螺栓孔时,由于使用的冲击钻头与所用的膨胀螺栓不匹配(偏大),造成以下几点问题:

(1)膨胀螺栓孔偏大使孔内有效胀紧面减少而不能有效起到应有的胀紧效果。

(2)在螺栓在收紧时因孔大而使螺杆部分过分拉出,其螺栓的有效埋入深度减小。

(3)埋入螺栓的紧固强度削弱使导轨支架整体强度未达设计要求。

2. 纠正措施　在施工前应对安装所用的膨胀螺栓尺寸进行检查与复核,配备尺寸合适的冲击钻头进行施工。如有上述情况出现须立即停止施工,更换尺寸合适的冲击钻头。

3. 预防措施　在安装开箱清点材料时,应对本工程所用的膨胀螺栓的规格、尺寸、使用场合等进行校核,特别是在安装进口电梯或采用进口制式的膨胀螺栓时,更要对其所用钻头的匹配进行复核。

六、壁上螺栓倾斜,紧固未吻合

1. 原因分析　膨胀螺栓孔在井道壁上钻孔倾斜,膨胀螺栓的螺母与平垫圈不能有效吻合支架底模紧固面。在井道混凝土壁或圈梁上钻打支架底模固定膨胀螺栓孔时,遇到内部钢筋而偏钻或在钻打时的不垂直,造成以下几点问题:

(1)在膨胀螺栓装入后与导轨支架紧固面不垂直。

(2)螺栓的螺母与平垫圈在紧固后不能有效与底模面吻合。

(3)膨胀螺栓与支架底模存在无法有效紧固缺陷。

2. 纠正措施

(1)采用质量和功率都符合相应要求的冲击钻及钻头将所遇钢筋打穿来保证钻孔垂直。

(2)保证钻打的孔与墙面保持垂直。

（3）已钻好的孔如与墙面不垂直但又偏离不大,可先将螺栓部分胀紧,再用套管或螺栓头部拧上保护螺母,再用铁锤击打螺母来校正螺杆垂直,保证螺母、平垫有效紧固底模而不影响外观与内在的质量。

3.预防措施　采用质量和功率都符合相应要求的冲击钻及钻头进行施工,保证施工中钻打的膨胀螺栓孔与墙面保持基本垂直。

七、支架位置装反

1.原因分析　导轨支架装反(上下颠倒)造成安全钳动作时两导轨间距可能受力外扩变大而引发不安全因素。导轨支架上下颠倒反装情况可能发生在以下情况:

（1）混凝土圈梁在井道内间距不等,要保证使导轨支架的间距不大于2.5m而刻意倒装来保证各支架安装尺寸。

（2）导轨支架在混凝土圈梁的安装位置恰与接导板位置重叠。

2.纠正措施

（1）导轨与支架在安装前,应预先测量检查井道内各支架的安装点是否符合要求(与混凝土圈梁固定位置、各档间距、接导板是否重叠)。

（2）导轨的接导板位置在安装前应预先测量并标注在井道壁上,如发现有与支架重叠,可预先调整最下一根导轨的距地安装高度来避免。

3.预防措施　导轨支架与导轨在安装前应预先对其在井道内的预装位置作出预测、改动与评估,待预测计算均没问题后再进入正式安装。如遇井道内混凝土圈梁不规则时,可采用增加中间支架的方法来保证支架间距。

八、整列支架与墙体连接强度不足

1.原因分析　上述情况多为井道壁为砖混结构,井道内在每个层楼楼板处为混凝土圈梁与楼板地坪连接,而其余匀为空心砖结构。因标准要求两导轨支架间距应不大于2.5m,但楼层间的高度往往大于2.5m(住宅楼多为2.6～2.8m)。由于一般电梯工厂在导轨支架装箱/发货时多以井道总高度为计算单位配发。造成大部分导轨支架仅能与井壁空心砖连接,使整列导轨支架存在与建筑体连接强度不足的质量问题。

2.纠正措施　上述情况须在每档混凝土圈梁上再增加导轨支架以满足对导轨的支撑强度要求。

3.预防措施　安装前应对井道进行现场勘察,对于上述井道结构,电梯制造单位应在提供井道土建图时标明各导轨支架的位置,并注明需建筑方在相应位置预留混凝土梁,或需建筑方在每楼层间中心位置再预浇混凝土横梁,制造单位需按土建情况配发相应数量的导轨支架及附件。

第二节 导轨的安装质量缺陷

导轨是轿厢与平衡重运动导向的基础。轿厢导轨安装的质量不仅直接与电梯的乘载品质相关,同样也关系到运动轿厢与相关非运动部件间的位置、间隙、中心距等联动啮合精度,关系到运行噪声、部件寿命、运行故障等基本要素。

安装过程中导轨产生的质量问题,如不及时地予以解决,待脚手架拆除后几乎就成了难以弥补的质量缺陷。所以,工艺流程、工序检验规程、过程质量控制手段必须贯穿于整个导轨安装过程并加以严格控制与监督。施工过程中,上一工序未通过检验合格就不能进行下一工步作业。

一、非支架固定部位导轨的标准值超差

1. 原因分析 轿厢与对重导轨在非支架处的尺寸值超差,造成轿厢运行质量差。安装前的电梯导轨就存在扭曲或变形,安装后仅保证导轨支架处的尺寸达到要求,但无法保证非支架固定部位的导轨尺寸达到相应的要求,通常为:

(1)待安装的导轨没有进行必要的质量检验。

(2)电梯导轨在安装前的现场堆放搬运和吊入井道时方法错误。

(3)弯曲或变形的导轨无法在支架固定点外同样达到尺寸要求。

2. 纠正措施

(1)在导轨安装前必须要对待装的导轨进行必要的质量检验,不合格的导轨不能进入井道。

(2)电梯导轨在安装前的现场堆放、搬运、吊装入井道时,导轨的受力点要按照工艺要求进行操作。

(3)弯曲或变形的导轨须在进行校直并达到要求后才能考虑使用。

(4)超差大的或弯曲点在导轨端部的部分导轨必须进行更换,超差量较小的可采用特殊工具或手段加以修复与校正,或考虑安装在井道顶部和底部轿厢运行不到或低速运行部位。

3. 预防措施 在导轨安装前必须严格地做好对待安装的导轨进行必要的检查工作。并应对导轨从出厂至工地安装全过程:合理捆装、运输、装卸、库房堆放保管、现场检验、驳运吊装等各环节,进行过程质量控制。

二、导轨内部存在内弯曲内应力

1. 原因分析 整列导轨内部多部位存在弯曲内应力,且导轨不在支架处存在弯曲、不垂直、不平行等,将造成运行质量差并伴有运行异声。电梯导轨吊入井道后初固定在导轨支架上,但导轨支架的最终尺寸是在导轨调整后才随导轨移动定位的,所以导轨初固定的支架位置与调整后的实际位置存在偏差。初固定的整列导轨从井道底部至顶部呈无数段折线,而

整列导轨校正后是一根垂直线。由于折线长度大于直线,通常在调整导轨时有压导板对导轨的预紧摩擦力及导轨自重,使导轨在校正时无法向上伸张而造成非支架固定部位的导轨弯曲或扭曲,同时产生相应的反作用内应力。此时,因强行将导轨紧固在支架上而造成了其他部位的弯曲或扭曲。在刚度薄弱处如支架中间部位或导轨的接导板处产生弹性或塑性弯曲、扭曲变形。

2. 纠正措施 采用正确的导轨安装方法,以下列举两种常见的施工方法:

(1)逐根逐段由底向上安装,并逐根(对)进行校正。以样板架铅垂线为基准,检查逐根安装好的导轨与铅垂线的误差值、成对的相互位置偏差,并逐根(对)安装,逐根(对)进行调整。步骤为:先接导口直线度校正再支架处导轨校正。

(2)为避免安装的导轨呈无数段折线,在调整时无法伸张而又不希望安装——校正相间进行。可在安装第一根导轨时底部预先垫起30～50mm,待导轨全部安装后再进行校正。校正时松开与上部导轨的连接后抽去底部垫块,使所需校正的导轨逐根(对)向下滑移后并逐根(对)校正。步骤也是先接导口直线度校正再支架处导轨校正。

注意:如采用定位型压导板,即对导轨在支架上仅定位而不产生较大压力的则不能采用此方法(抽去底部垫块时可能会整列下滑)。

3. 预防措施 导轨的安装要严格执行相应的安装与校正质量工艺要求,按步骤操作,步步检查。安装工艺流程、工序检验规程必须贯穿整个施工过程。上一工序合格后再进行下一工序作业。所有的工作都应提倡一次到位。

三、导轨接头处直线度差

1. 原因分析 轿厢导轨在两导轨接导板处直线度超差,造成轿厢运行质量差。整列轿厢导轨在相互连接的接导板处存在弯折,轿厢在通过整列导轨的弯折处产生晃动。

(1)整列轿厢导轨在相互连接的接导板处存在弯折,在调整导轨过程中没有采用必需的接口校直工具(刀口直尺),两导轨对接处没有校直。

(2)两根导轨与接导板平面的贴合由于各自的加工误差或加工毛刺未清,需在同一接导板平面上用薄铜纸片垫平或垫直,在调整导轨时未对接导处的两导轨做必要的T形正工作面对接平面垫平,导轨正向工作面在接导板处的直线度不直。

(3)导轨侧向工作面的直线度不直,校正时应需略放松接导板紧固螺栓,用专制的二钩一顶器或轻击来进行调直。

(4)整列轿厢导轨在相互连接的接导板处存在弯折,在完全没有校直的情况下对导轨接导板处弯折点用导轨刨刀或锉刀进行了大面积的修直,造成整列导轨在各导轨的连接位置产生了不可能再校直的曲折线,侧面的导轨尺寸也被永久性修小,造成导轨无法再整改或报废。

2. 纠正措施 两导轨接口直线度应用长度大于500mm的刀口直尺进行校正(梯速为1.75m/s用500mm刀口直尺;梯速大于2m/s用600mm刀口直尺)。用灯光在刀口直尺后部加以检测,中心面偏差超出要求范围的用金属薄纸垫片加以垫正。在整个500mm范围内缝隙不大于 0.05mm,必须在导轨校直后方可对接口稍略修整。

3. 预防措施 导轨的安装要严格执行相应的安装与校正的工艺质量要求,所有的工作应提倡一次到位。

四、轿厢两导轨相互平行度差

1. 原因分析 轿厢两导轨相互平行度差,轿厢运行扭动感明显。一对轿厢导轨在导轨支架处的两轨平行度相对位置超差,导轨底平面中心偏离两导轨中线位置;轿厢在通过时导靴受两侧面基准导向工作面的变化产生左右晃动和扭动。

2. 纠正措施 两导轨平行度校正检查应以铅垂线为基准,用直线放大法或激光导轨平行度仪来检查校正一对导轨的平行度:

(1)用两块磁铁的磁吸力压住一根细直线在一对导轨的侧工作面上并将线拉直,用 300mm 刀口直尺紧贴导轨侧面检查一对导轨的平行度;如轿厢导轨平行度偏差要求在 2/1000 之内,即 300mm 刀口直尺紧贴导轨侧面约 50mm,另 250mm 长度作为偏转放大,其顶端与绷紧的直线间距应小于 0.5mm(2/1000 要求)。

(2)采用激光导轨平行度校正仪、激光平行度校正仪可更直观地从标尺聚光点上看出偏差位置,以光点上的偏差除以轨距小于 2/1000 为准。

3. 预防措施 导轨的安装与校正须采用相应的校正检查工艺并严格控制每一工步的操作,所有的工作都应做到一次到位(因各尺寸间有相互关联)。

五、待装电梯导轨的检验与校正

电梯导轨(特别是轿厢导轨)在安装前必须检查每根待装导轨的直线度不应超出 1/6000,整根导轨其最大弯曲不超过 0.6mm 并在任 1000mm 中弯曲度不应超出 0.3mm。这对于现场导轨的正确堆放、搬运等都提有一定的要求。工地检测导轨时采用两块磁铁与两片金属薄垫片夹一根细线在磁铁与金属薄垫片间,金属薄垫片再吸附在被测导轨的工作面上并将线拉直进行测量;此时,直线的两端被两端相同厚度的金属薄垫片托起,如再用一片相同厚度的垫片或使用塞尺即可进行检测了。水平测量导轨时应考虑地面不平整或导轨自重所引起的弯曲误差。所以,测量侧向工作面时应使导轨平躺,测量顶端工作面时应侧躺;保证被测面与铅垂方向平行。扭曲校检时可用磁力水平/垂直仪吸附侧向工作面检查各段相对扭曲或将导轨卧躺用水平仪测量两接导面相对水平。若弯曲过大应在校正后方可安装;发现有严重扭曲或弯头又实在无法校直可考虑更换或将其安装于井道最高或高低处。

提吊导轨应采用绳索竖装,搬运时避免弹跳,严禁采用绳索索于导轨中心或两端处平行提吊。导轨凸口朝上由底坑向上逐根立起(凸口朝下或凹口朝上时安全钳镶块的作用力对接口缝缘不利)。安装前应检查各导轨连接口是否已修整并清洗干净。

六、导轨安装过程中的校正与检查

在导轨安装的校正检查时,检查每根轿厢导轨正、侧工作面垂直偏差应 < 0.6/5000mm

（轿厢）。一对导轨的平行度检查如前所述可采用300mm刀口尺或激光导轨平行仪检查，偏差应＜2/1000（轿厢）。垂直校正与平行校正合二为一（一次性检测），校正导轨在各支架处的相对正确位置。

轿厢导轨的两导轨接口对接面直线度同样也如前所述用相应的刀口直尺加以校直。以上方法须由下而上逐步、逐对进行校正，经检查合格后再进行上一档的校正，遇接导板时，应先校正接导板处两导轨的正面及侧面的直线度，校直后再进行下一步工作。

校正导轨时的校验不应少于两次。导轨校验时应使其尺寸正向目测基本为0刻度（目测存在线内外偏差）。校正后一对轿厢导轨的中心面、侧面以及间距偏差在整个高度上不应超过1mm（包括支架中间位置及接导板位置），导轨安装校正施工中的各个环节要一次到位。

利用附录7轿厢导轨安装过程检测记录对轿厢导轨安装过程进行记录。附录8对重导轨安装过程检测记录对对重导轨安装过程进行记录。（供参考）

七、电梯乘载品质及通常存在缺陷的改进

导轨安装过程中质量问题造成电梯乘载品质差和测量达不到基本要求集中体现为：产品瑕疵、包装、运输以及现场堆放问题、安装前未对导轨进行检测、安装工艺落后、技术不精、安装过程中对标准要求把握不严等。

对电梯导轨而言概念只有一个：直线（垂直）/弯曲度、平行/扭曲度；要将其一次就捉到点或位，问题就简单化；不然会产生很多的后患，所以安装过程中应控制各个环节一次到位，这样才能真正体现质量的含义。

第三节　层门的安装质量缺陷

电梯层门对乘客而言是最重要的防护装置之一，也是电梯故障与事故最易发生的部位。层门的正确安装涉及电梯的乘用安全与运行故障率，层门的安装位置也牵涉单梯井道内的尺寸或梯群外立面共面性要求，安装样板的定位需各自正确与相互协调。在安装过程所发现或产生层门的质量问题如不及时解决，必将造成日后难以弥补的质量缺陷与安全隐患。电梯层门的安装过程需按产品设计要求和装配规范并严格执行工序检验流程，发现问题应立即予以整改。以下以在安装过程中易产生的质量缺陷进行分析以便于预防。

一、层门的安装位置墙体间距过大

1. 原因分析　层门安装的位置与井道门洞面墙体的间距过大而造成层门整体设置在井道内过于悬臂位置。使原设计的层门与井道建筑结构相连接的支架、按正常受力所设定的紧固件与支承紧固方法都不能满足产品的强度要求。如安装中未采取必要的加固（增设三角支撑等），原有的支承是无法保证悬臂后的支承要求，特别是货梯或医梯在推入重载车（如氧气瓶）时就可能坍塌，层门存在较为严重的安全隐患，见图10-1、图10-2。

图 10-1 层门安装位置与井道壁的间距过大

图 10-2 上坎支承架未经许可擅自接长

层门安装的位置向井道内过于悬臂安装其主要由以下几种情况产生:

(1)样板架定位错误。对于单梯层门的安装而言,层门部位在与其所安装的建筑面(门洞面墙体)的正向定位时,其最佳位置是,在距井道墙面最近的一道层门在安装后,样板架层门口等宽两垂线与墙体所测出的范围能使其各固定部分与运动部件与相应建筑面保持最小的安全间距,这样所有的层门都确保通过该尺寸,整个层门系统的安装位置才合理。为此,各层门铅垂线的定位过程中,一般都要经过数次检查与复核并移动样板架后,才能定位并固定样板架。对于梯群外立面共面性要求而言,梯群中每台梯的厅门位置需统筹后来定位。

(2)样板架未按规范制作。下例图 10-3 所示,为了省工省料,采用画线或弹墨线将样板制作在机房地坪面上。这种情况无法有效移动样板以保证整个层门系统安装位置的合理。

图 10-3 将样板制作在机房地坪上

(3)无脚手架安装。无脚手架电梯安装是从下至上进行的,一般情况对于不可触摸的层门内墙,仅能从外进行测量或估算井道的倾斜,一般为了安装顺利都会故意放大该尺寸,故较易产生层门安装后悬臂过大。

（4）井道深度尺寸偏大。由于土建井道深度的尺寸偏大而井道后壁所安装的对重导轨支架可能长度不够，为了安装方便，在样板定位时故意向内移动。

（5）井道层门面垂直偏差较大。由于土建问题使层门面垂直度偏差较大，为了保证距井道墙面最近的层门与相应建筑面保持最小的安全间距，其他一些特定的层门可能会产生悬臂过大。

（6）原有牛腿的井道。在更新或改造过程中，因原井道牛腿的存在而更新的层门大多是不再用牛腿的，施工中只有将牛腿凿掉否则就无法安装新层门。为了省工省时，故意将层门悬臂安装。

2. 纠正措施　层门是电梯设备中最为重要的防护装置之一。在定位层门时，务必要反复测量与检查，绝不能图一时的方便而造成日后难以弥补的过失。安装过程需按产品设计要求与装配流程规范操作，发现问题应立即整改。

3. 预防措施　在层门安装过程中要严格规范施工。特别是在层门的定位时，务必要谨慎做好安装所需的规范流程，有序作业，不断提高施工质量。

二、地坎支架与地坪悬臂过大

1. 原因分析　层门地坎的支承架与建筑体的固定螺栓悬臂过大而造成地坎强度不足。由于层门外地坪面大多需再装饰，装修后的地坪一般会有 80～100mm 的高度。层门安装时外地坪还未完成装饰面，安装层门时，地坎的安装高度按建设方给出的 1m 标高线向下引出，地坎支承架近地坪端的支架孔悬空无法安装支架紧固件，如图 10－4 所示。而安装时由于需在膨胀螺栓孔与上坪面保留 50mm 以上厚度（如孔打得离地坪面太近易在螺栓收紧时造成混凝土面胀裂）。

所以地坎支架的紧固点离装饰后的地坪距离较远，会造成安装后地坎受力强度不足，层门容易向井道内偏移并与地面脱离，支架弯曲后无法恢复，甚至在受重力时产生塌陷等安全与质量隐患，见图 10－5。

图 10－4　层门地坎支架地坪端无法安装紧固件　　　图 10－5　地坎支架地坪端在地坪完工后没有紧固件
造成地坎强度不足

2. 纠正措施 地坎支承架的上端腰孔在厅外浇地坪前需安装 1 个相应直径的预埋(开脚)螺栓,用双螺母、双平垫、单弹簧垫圈锁紧,也可用相应直径的普通螺栓,但螺栓朝外似六角头部须焊上足够长度的预埋物(横向钢筋段或螺栓之类)。在浇地坪时层门口井孔处应用薄隔板合理阻挡,使原支架悬空部分在立面上所安装的预埋螺栓能有效浇入地坪装饰面内,应协调建筑方最好在层门入口位置处浇筑混凝土或钢筋混凝土以加强层门安装的有效强度。

3. 预防措施 在层门安装过程中要严格规范施工。如遇上述情况,在层门安装后,要多与相关方进行沟通,及时掌握工地上与电梯安装相关的外部施工情况变化,有序作业以提高工程施工质量。

三、地坎支架安装面不平

1. 原因分析 井道层门地坎支架安装处的墙面不平整,造成支承架与墙面接触问题,且地坎有扭曲变形或内应力。井道层门口地坪内立面(前称牛腿位置)处墙面不平整(或由于土建尺寸问题修改过),造成地坎托架的支承架安装在不平整的墙面上而与墙面的接触面积(吻合面积)严重不足。使提供给支架的横平、竖直基准面得不到保证。地坎、托架、支架整体受力不均(地坎与托架紧固在多档倾斜或扭曲的支架面上)以致完全达不到共面要求,地坎的平面度、平行度无法调整,安装后的层门地坎内存在扭曲内应力,支架与墙面连接的膨胀螺栓都无法有效紧固等安全与质量隐患,见图 10 - 6 。

图 10 - 6 层门地坎支架安装处的墙面不平整

2. 纠正措施 井道层门地坪内立面厅门支架安装处的墙面在安装层门前必须进行立平面平整度与立面垂直度检查。如发现有立平面不平整或立面不垂直,应首先要作必要的粉平处理,避免上述情况发生。

3. 预防措施 在层门安装过程应按照工艺要求规范作业,施工过程实行质量控制及相应的施工前检查评估,如上一步骤不到位就不进行下一工序的作业,切不可贪图方便。

四、紧固件未达强度要求

1. 原因分析 层门安装在建筑物上的紧固件(膨胀螺栓)未达到相应设计的强度要求。层门地坎托架的支承架和层门上坎吊攀架在混凝土壁(梁)上钻打支架固定膨胀螺栓孔时,由于所用的冲击钻头与工厂所发的膨胀螺栓不匹配(钻头偏大),造成:

(1)胀孔偏大而不能有效起到应有的胀紧强度要求(胀管埋入部分有效胀紧度减少)。

(2)因孔太大而在螺栓紧固或胀紧过程将螺杆部分过分吊出,使螺栓整体的有效埋入深度减小,造成原有的紧固设计强度削弱,见图10-7。

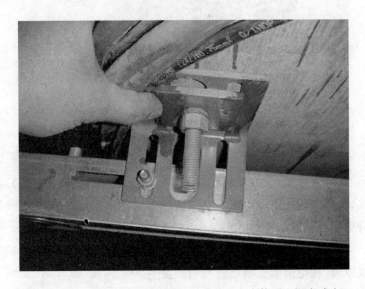

图10-7 支架紧固件螺栓紧固后被吊出太多使埋入深度减小

2. 纠正措施 这种情况须在施工过程中及时地发现并随即停止施工。更换尺寸合适的冲击钻头。

3. 预防措施 安装前施工班长应对下一步将要进行施工的工具、设备、仪器、安全设施等作预先检查,确认无误后方可安排下一步施工。在打膨胀螺栓的施工前应对安装所用的紧固件尺寸与进行检查,配备好尺寸合适的冲击钻头。

五、安装在建筑物上的支架无法紧固

1. 原因分析 层门安装在建筑物上的紧固膨胀螺栓在施工中未达到埋入深度要求。产生原因有:

(1)膨胀螺栓钻孔太浅,螺栓被埋入达不到要求深度。

(2)冲击钻钻头偏小,螺栓整体不能有效被埋入。

(3)因孔太大而无法使螺栓胀管与墙洞产生胀紧,螺栓胀紧过程将膨胀管拉出。

(4)装入膨胀螺栓时孔内未清钻屑。

(5)安装不规范等使层门支架无法紧固而留有隐患,见图10-8。

图 10-8　支架紧固件安装不规范

2. 纠正措施　这种现象是严重的施工错误,须及时发现并立即停止施工。每个钻孔打好后,应测量其深度,要求大于预定埋入深度并留有一定的深度余量。若发现钻头偏太或偏小应立即停止施工,待更换合适的钻头后才可复工。

3. 预防措施　在施工中应对每一基本保证项的部件安装质量作必要自检和互检,发现问题应立即停工,查找原因,杜绝类似安装质量问题的发生。

六、各部件尺寸未达要求

1. 原因分析　层门安装的支架、固定件、紧固件、各部件安装尺寸、横平、竖直未达标或不规范。如层门安装所产生的质量问题都将最终影响层门的总体质量。在层门安装施工中应严格按照安装工艺进行施工,安装前应对各相关所需位置进行必要的检查,必要时需对各打孔位置进行垂直与水平方向的弹线定位以便预先发现问题。使各相关支架、立柱、地坎、门套、门扇间的间隙、相互尺寸等均能得到保证,其最基本的要求是:横平、竖直、尺寸到位、间隙均匀。利用附录 9 层门安装过程检测记录表对层门安装过程进行检测记录（供参考）。

注:层门安装须严格按照工艺及尺寸要求,安装各个支架(托架)与墙面接触须垂直平整,支架间不应产生应力使地(上)坎扭曲。紧固螺栓须安装规范并垂直于墙面。

2. 纠正措施　层门施工过程要严格按照工艺与检验规范要求,在安装前应对各相关所需位置进行必要的安装前检查,安装中的各相关尺寸应及时调整到位。利用附录 10 层门装置安装检验记录表对层门装置进行检验记录（供参考）。

3. 预防措施　施工过程中需严格按照要求做好必要的工序检验,严肃安装质量过程控制。

第四节 曳引绳悬挂的质量缺陷

永磁同步无齿轮曳引技术成为了当今电梯驱动的主流。其主机有体积小、惯量小、节能等特点。悬挂绕绳由系统所需的低转速、大转矩特性设置为 2:1 绕法,曳引绳绳径因曳引轮直径变小而选为 10mm 或 8mm。绳速的成倍提升(倍梯速)、绳径(股或丝)的截面积成数倍变小,无疑对于曳引绳的使用寿命是新的挑战。为此,对曳引系统悬挂设计与曳引绳的正确设配、安装调整、日常维护等都有更高要求并成了悬挂系统安全与曳引绳使用寿命的重要课题。以下就以在安装过程中曳引钢丝绳施工易产生的质量缺陷进行分析以便于预防。

一、在安装过程造成缺陷

1. 原因分析 曳引钢丝绳在安装过程曾发生缠绕、扭曲、死弯、卡伤以及旋转松股或过旋股等现象,如缠绕或扭曲时稍有受力(或自重力)会使绳或股(丝)即刻折伤或外表变形。死弯、卡伤使绳受损产生隐痕。旋转松股(破股)或过旋股使部分段骨架支撑松散、捻距改变、表面强度与外部形状产生变形,工作时易引起捻距变化及捻绕位移使绳内产生旋转应力,这些均导致曳引绳受损段运行时受力变量增大。

应力分析:曳引钢丝绳变力复杂,绳与股(丝)运行时均受外部曲率、拉力、挤压变形而其变化通常表现为进出槽弯曲时的局部伸张与收缩、挤压变形、分散移位、相互摩擦等状况。隐患点或隐痕处极易在变化时产生应力集中,导致疲劳裂纹增加,寿命下降。特别在小绳径高速状态,可能因此而引发日后断丝,再而断股现象。

2. 纠正措施 曳引钢丝绳的安装过程须按照工艺质量流程要求施工:

(1)须预先测量并计算好曳引钢丝绳的有效长度,然后按要求进行截取。截取前将所截部分两端用细铁丝捆扎好以免截割后散股。放钢丝绳时从圆盘或桶中按自外向内逐圈放出,边放边滚动圆盘(用管穿越桶中心并托起)。测量钢丝绳长度的场地须足够大且地面干净。截取后按上述逆向流程将钢丝绳卷入桶中。过程中不可有缠绕、扭曲、死弯、卡伤以及被旋转松股或过旋转等现象发生。

(2)在机房向井道内下放安装钢丝绳时,要注意抑制所放入井道内的钢丝绳因自重的不断增加而过快地向下坠落(高层电梯安装对重端钢丝绳时一般用两根粗绳交替固定拉住所放入井道内的钢丝绳)。放入时注意在钢丝绳入口处加垫保护以免绳与地坪面角刮擦。轿厢应首先拼装好。按轿厢位于顶层位置,这样轿顶上可站人安装,以保证钢丝绳在轿厢架这半部分的安装质量。安装对重端曳引绳时,井道最高部位(轿顶上)和底端对重架上端部位的脚手架上(按井道高度考虑中间部位)都需有人监护与正确操作以保证曳引绳在井道内不与他物干涉。2:1 绕法的曳引绳在绕过轿顶/对重轮后还需再回拉至机房绳头板。轿厢地坎在顶部位置与最高楼层厅门地坎的偏差、对重被枕木撑起后与缓冲器的距离、曳引钢丝绳受力后的伸长量都应计算好,以免重复做绳头。

3. 预防措施 曳引钢丝绳在安装中需严格按照工艺要求施工,过程中不可因贪图方便而造成安装缺陷;在施工前应预先配备好必要的相应辅助安装工具以确保各操作步骤能顺利进行。

二、曳引钢丝绳受损伤

1. 原因分析 曳引钢丝绳表面脏污、夹有油脂并粘有灰沙、泥浆极易生锈。曳引钢丝绳在安装前没有对钢丝绳进行表面清洗、去除油脂等工作。钢丝绳表面由于在电梯初投入运行时井道内或外部环境条件较差,常有灰沙、小石子等异物落入、钢丝绳在测量截放过程中因场地不干净。外表油脂极易黏附灰沙、小石子等造成工作中钢丝绳与曳引轮、导向轮、轿顶与对重轮等接触面夹入灰沙等异物,受挤压时钢丝表面异物点受反向折压,导致外表接触层的部分钢丝点产生粗糙或隐痕。久而久之,工作表面伤痕逐步增大造成应力集中。一段时间后,可能因此产生断丝,再而断股现象。

2. 纠正措施 钢丝绳安装前或在电梯投入运行前需对钢丝绳的表面进行清洗、清洁,清除防锈脂、清除斑迹。清洗后的钢丝绳表面光洁且不易粘异物。保证投入运行的曳引钢丝绳表面干燥干净,内部润滑充分及定期对钢丝绳进行必要的保养。

3. 预防措施 安装前应对钢丝绳的表面进行清洗、清洁,其目的一是:清除防锈脂、清除脏锈斑、清洗后表面光洁不易粘异物;二是:清洗时同时对钢丝绳的内部也进行了润滑,特别是麻芯内需渗入适量的润滑油。

曳引钢丝绳所需的工作状态为:

(1)表面应保持干燥清洁。曳引静摩擦力是因曳引绳与曳引轮挤压变形后产生。其中,曳引钢丝绳与曳引轮间的吻合不但要求其硬度匹配相当,且需保证吻合时无任何异物夹入,这要求曳引绳表面干净。

(2)内部需有充分的润滑。曳引钢丝绳工作时受弯曲、拉力、挤压变形等变化而使股、丝间的接触点、股形与绳形产生变形、相互挤压、分散移位、相互摩擦,这需要润滑剂来减少移位磨损,所以绳内部需要润滑。因此,曳引钢丝绳在安装前的外部清洗与清洁、内部适量润滑是保证钢丝绳运行质量、减少磨损、延长寿命的必要环节。

注:除使用专用曳引钢丝绳清洗油之外,一般采用机/柴油按比例混合清洗曳引绳,柴油能起到清洁与帮助机油渗入绳内部后再挥发的作用,曳引绳外部需定期清洁。

三、运输或现场库存不当造成缺陷

1. 原因分析 曳引绳在运输或现场库存时曾淋到雨或被水浸泡,致使钢丝绳表面或内部有锈蚀。钢丝外表或绳内丝有锈蚀斑或点(隐患斑痕),钢丝绳外表部分通常涂有防锈脂,其内部不但没有防锈脂且又因麻芯浸水后水分极难挥发,久之产生锈蚀使股与丝外表发生粗糙变化,在运行曲率变化状态的外表不均匀产生应力集中,其疲劳裂痕或裂纹加快,可能发生运行一段时期后伴有断丝、断股等现象。

2. 纠正措施 运输、驳运、现场库房管理、安装工艺等都必须实施规范的施工,落实施工过程质量控制以保证各环节工程质量。

3.预防措施 整个安装过程包括现场库房管理等都必须严格实施规范的工艺要求,严格贯彻施工过程质量控制以保证各环节工程质量达到相应要求。

四、安装过程工序颠倒使之受损

1.原因分析 电梯曳引钢丝绳等部件的安装过程没有严格按照工艺质量流程要求进行施工;如在电梯的曳引钢丝绳安装前必须要完成的,如井道内点焊作业、机房内的电、气焊作业等均没完成。如井道内的各导轨支架点焊固定、各厅门上坎支架和地坎托架支承的点焊固定等工作是在整个井道内进行的。而焊机电源线和焊枪线通常会拉得很长,特别是焊枪线与接地线的绝缘层通常会有破损,施工中极易与钢丝绳接触。接触过后的曳引钢丝绳上的接触点通常会立即断丝或退火,退火点会在一段时期后发生断丝、断股。

2.纠正措施 曳引绳等部件的安装过程必须按照工艺质量流程要求一步步地进行施工,不可随心所欲进而造成重大安装缺陷。

3.预防措施 在曳引钢丝绳安装前,必须严格控制并如期完成井道与机房内各相关部位的电、气焊作业。

五、张力误差产生的影响

1.原因分析 曳引钢丝绳张力调整未达到相应要求,各绳张力误差大。使曳引绳与曳引轮的使用寿命受到影响:

曳引绳张力误差大使得各绳在曳引轮槽上高低位置产生不一,张得较紧的曳引绳受到较大的力,在曳引轮楔形绳槽内受挤压变形量较大而处于绳槽内较深(低)位置。相对较松的曳引绳则在轮槽上部(浅)位置,曳引轮在驱动钢丝绳运动时,发生紧的曳引绳(内圈)和松的钢丝绳(外圈)状况。当曳引轮旋转后会发生外圈绳和内圈绳的距离差(外圈走的距离比内圈长),造成曳引绳组在轿厢和对重两端的张力产生变化。当张力达到曳引忍受极限力时(此时内圈绳与外圈绳在各自的曳引轮槽内进行着差值曳引摩擦力的较劲),即会产生曳引绳组中的某些在曳引轮槽内不断滑移,使绳组各端的张力重新再分配。以此循环从而加快了曳引钢丝绳与曳引轮槽间的滑移磨损(正常情况的曳引轮槽使曳引钢丝绳揿入挤压变形后所产生的是两者静摩擦),紧的曳引绳越陷越深、滑移加剧;恶性循环造成所悬挂的轿厢运行中垂直振动越变越大,曳引绳与曳引轮的使用寿命缩短。

2.纠正措施 电梯曳引钢丝绳的调整应按照相应的工艺质量流程进行,在运行前必须要做好张力的调整工作以免造成曳引绳与曳引轮不可逆的受损。日常的维护保养中也应至少进行2次/年的曳引绳清洁及必要的润滑、检查与张力调整工作,以免使寿命受到影响。附录11 电梯曳引钢丝绳的调整及操作(流程)控制要求(供参考)介绍了曳引钢丝绳的通常的调整及操作控制要求。附录12 曳引钢丝绳安装过程质量检测记录(供参考)目的是为达到曳引钢丝绳通常的安装过程质量控制要求。

第五节 安装自检内容

电梯安装完毕后安装单位要进行自检,只有自检全部合格后才能申报特种设备检验检测机构进行检验。附录13电梯安装自检要求表(供参考)。介绍了电梯安装完成对电梯各部位进行自检项目的内容概要。

本章小结

本章以控制电梯的安装质量为目的,分别列举了导轨支架、导轨、层门以及曳引钢丝绳在安装过程中易产生质量问题的案例,做了较为详细的分析,找出原因,并提出了具体的预防措施。此外,文中对安装后的自检项目也做了详尽介绍。由于本文所列举的部件安装工序是电梯安装作业中工程量占比较大且是关键部位,因此,对现场安装作业具有一定的指导意义。

思考题

1. 导轨支架、导轨在安装过程中易产生的质量问题有哪些?如何预防?
2. 层门在安装过程中易产生的质量问题有哪些?如何预防?
3. 曳引钢丝绳在安装过程中易产生的质量问题有哪些?如何预防?
4. 电梯安装、调试完成后必须要进行自检,其目的是什么?
5. 在电梯安装作业中还有哪些易忽视或易产生质量缺陷之处?如何加以控制?

■第十一章 电梯安装安全技术

第一节 安全规程

一、安装作业人员资格

(1)从事电梯安装、维修、改造的作业人员必须经过特有的专业技术培训与安全操作培训,通过政府相关部门考核并持有相应岗位资格证,通过企业的三级安全教育考核合格,在接受了施工现场的安全技术交底后方可上岗作业。

(2)电梯安装作业人员必须熟悉和掌握起重、电工、钳工、电梯驾驶等基础理论知识与实际操作技能,熟悉高空作业、防火和电、气焊的安全知识,熟悉所从事的电梯安装、维修、改造的特定工艺与要求。

(3)电梯安装施工作业人员从事特定的施工作业时,须持有在有效期内的相应作业的施工岗位资格证,如起重,电工,电、气焊接等相关岗位证书。没有取得电梯安装岗位资格证的无证人员,严禁从事电梯安装、维修、改造等作业。对于违反相关规定者,将会追究其经济、行政直至法律上的责任。

二、安装作业的基本要求

(1)在接到电梯安装施工任务单后,项目管理责任人员(项目经理/项目监督)必须会同安装队领班、班组安全员、质量员等相关人员亲临现场进行实地勘查。根据施工要求和实际情况,采取必要的、切实可行的安全施工方案与安全措施后,方可进入工地施工。

(2)项目管理责任人员与安装队领班等相关人员应根据现场实地勘察状况与用户(承建方或总包)积极沟通,并解决电梯安装进场前、后的相关准备工作,如土建问题、电源问题、井道与机房移交、场地与道路通畅、卸货及堆场、货物库房、安全防护等责任与配合问题,以确保日后施工能顺利进行。

(3)项目管理责任人员根据现场实地情况组织并制订切实有效(可实施性、可操作性强)的施工作业组织计划与方案、安全作业计划、质量保证计划书等以保证日后的施工进度与过程质量控制等,确保日后的安全管理工作有条不紊地进行。

(4)进入工地施工前,项目管理责任人员应根据现场情况组织好相应的施工人员并对安装队或班组的所有施工人员进行电梯安装前的现场安全技术交底,并根据施工作业组织计划与方案、安全作业计划、质量保证计划书以及国家的相关法律法规要求,对工程施工管理中的各项要求做好有针对性的全员安全技术教育与安全技能方面的培训。

（5）项目管理责任人员要在施工期间,定时、定期组织各班组开展各类安全生产会议、安全技术与技能培训、安全生产教育、检查与监督和安全教育班前会。根据安全计划内容与要求,贯彻、监督、检查各项工作的有效落实。不断增强施工人员的安全意识与防范风险的能力;强化规范施工、提高自主安全意识,培养现场施工人员在工作中切实贯彻安全生产管理制度,安全作业的习惯。

（6）施工场地必须保持清洁和畅通,材料杂物必须堆放整齐、稳固,以防倒塌伤人。

（7）操作时,必须正确使用个人劳防用品,严禁穿汗衫、短裤、宽大笨重的衣服进行操作,集体备用的防护用品,必须做到专人保管,定期检查,使之保持完好状态。

第二节　责任区危险部位防护

在接受建设方所移交的井道与机房时,根据电梯安装合同中对井道防护的责任要求,立即组织人员做好对责任区井道临边的防坠落保护工作,如图 11 - 1 所示。加强井道层门孔洞、机房洞孔、各危险部位的防护与设立必要的安全警示标志;或会同建设方组织人员做好责任区内相应的安全防护工作。

图 11 - 1　层门开口处临边防护

一、危险部位防护与安全警示

（1）所有井道的电梯层门预留门洞前方必须设置高度不小于 1.2m 的安全保护围栏,并在其周围明显处设置"井道施工,谨防坠落"等安全警示标志(醒目的文字与图像)。

（2）安全围栏必须安装牢固,并达到足够的强度、高度和重量,以阻止未经同意的其他人员进入电梯井道。

（3）安全围栏必须与墙体以铰链方式有效固定并开启侧能有效锁定,仅允许在左侧或右侧方向进行开启(上、下开启的方式无法使施工人员安全进出井道)。

（4）围栏下方与地面接触部分,须有高度不小于 10cm 的安全封闭踢脚板,以防止井道外的物体被踢入或滚入电梯井道内。

（5）安全围栏在开启时,须有专人看守直至关闭,以防其他人员或物体误入井道。

（6）所有其他预留孔、机房洞孔、危险部位临边除设有同等安全的必要的防护外，同时也必须在其周围醒目处设置规范的安全警示标志。

（7）井道以及机房内所有孔洞必须做暂时、有效封闭。

（8）所有的安全保护围栏及安全警示标志必须按现场安全管理要求进行每天的周期性巡视与检查。

二、物件的正确放置

（1）安装施工现场必须保持清洁和畅通。电梯施工所用的材料与待装机件应尽可能放置在楼层的安全部位，堆放整齐，保持通道畅通。

（2）重型装备及部件应分散堆放在楼层的安全角落，堆放时应垫好脚手板或垫木，使载荷均匀分布在楼板和建筑结构梁上，严禁集中堆放在楼板或屋顶上，避免超荷而发生不测。

（3）导轨、立柱、门框、门扇、各种型钢等细长的构件严禁直立放置，以免倾倒塌伤人和发生扭曲变形。

三、易产生事故的行为

（1）井道层门孔洞临边未设防护或设置不全。

（2）层门孔洞、临边防护设置不规范，不能起到足够的安全防护要求。

（3）危险部位或临边未张贴安全警示标志或安全警示标志遗漏、不规范。

（4）机房的下井孔洞或危险部位未作必要的防护。

（5）井道防护栏未有效固定。

（6）安全保护围栏及安全警示标志未进行定期巡视与检查。

第三节　脚手架搭设及使用的安全

电梯安装过程中的井道内脚手架安全是整个安装过程中最为突出的施工安全，万一发生的任何偏差则可能引发群死、群伤的重大安全责任事件。因此，必须对整个脚手架工程以及在脚手架上作业的整个施工过程加以严格的控制与管理。

特殊情况须另行设计计算，如大吨位载荷的客、货梯其轿厢面积会加大，致使井道尺寸也相应加大，此时脚手架应通过载荷计算并适量增加脚手架的立杆与横杆来提高脚手架的承载能力。

施工人员应尽量避免在作业平台上上、下攀爬，可以通过厅外楼梯上下，遇特殊情况需要在上、下或相邻作业平台间攀爬时，需要设置上、下爬升通道。

电梯井道内有烟囱效应，楼层越高，效应越明显，对火星有助燃作用，极易发生火灾，脚手板应有阻燃功能。非作业层不铺设脚手板时，应设置安全网，上、下层安全网间距不大于10m。对脚手架进行检查时应按下列要求进行：

一、脚手架搭建的一般要求

(1)井道内脚手架的搭建必须由有相应资质的专业脚手架搭建单位进行搭建施工。

(2)脚手架必须按照 DG/TJ 08—2053—2009《电梯安装作业平台技术规程》要求搭设。

(3)钢管必须符合 JGJ 130—2011《建筑施工扣件式钢管脚手架安全技术规范》要求,扣件必须符合 GB 15831—2006《钢管脚手架扣件》要求。采用直径为 48.3mm,壁厚应为 3.6mm 的钢管。管材与扣件须由法定的专业制造与认证,并在搭建前经过特定的认可。

(4)脚手架必须在有效期内使用,其搭建许可资质与使用有效期必须在明显处(基站位置的门口粘贴或在脚手架上挂牌)予以标示,脚手架在进行修整或维护保养后须重新按要求予以标示。

(5)脚手架在搭建单位搭建完成并自检合格挂牌后,工地监理、项目经理、安装队长应会同搭建单位共同按要求进行符合性验收,应在符合要求的情况下进行施工,电梯安装工人在每次使用前必须进行必要的检查,合格后方可使用。

(6)每层脚手架均需满铺,工作面篾竹面铺设与绑扎应牢固,篾竹面下横杆支撑密度及两端规范固定:每工作面均能承受≥2000N 的载荷。见图 11-2。

图 11-2　脚手架篾竹面图片

(7)每层脚手架步距(层间距)通常为 1.8m(不大于 1.8m),层间必须设置攀爬通道及攀爬设施。

(8)厅门侧空隙为 250~300mm,若空隙≥450mm 时必须在距其 1000~1200mm 处设置安全栏杆。

(9)立杆垂直度≤3‰、横杆水平两端高差≤±20mm;构架各段支承顶撑合理稳固。脚手架的安装尺寸如需改动或整改须由原搭建单位进行,安装过程中安装工人不得随意拆卸构架。

(10)最低一段立杆均须采用双立杆,最下一段须设扫地横杆。

(11)当超过允许高度时,须采取双立杆、分段卸荷、分段悬挑等加固措施,一般情况当高度超过 30m 时须采用双立杆或分段卸荷;超过 50m 时须采用分段悬挑,分段悬挑段的高度一般为 20m/段(最大不超过 24m/段);各分段悬挑支承梁的设置以及与脚手管的连接必须严格符合规范要求。

（12）脚手架必须可靠接地，各杆接地电阻应<4Ω。

（13）小吨位800kg以下小井道的脚手架如不按上述要求搭建，必须要有相应的法规支持并要有政府机构批准的特许证明（限允许的高度、井道、井字架尺寸，设计计算书、施工方案）。

（14）电梯安装施工人员不得自行改变脚手架尺寸，不允许在脚手架上挂设线缆与电线、不得利用脚手架堆放、挂放或提升物品。

（15）严禁在拼装轿厢时将轿厢架、轿厢的重量释放在脚手架上（极易引发脚手架坍塌等重大安全事故及事故风险）。

二、脚手架施工的危险源

（1）脚手架未按要求进行分力设置或分段卸荷，造成施工过程中的脚手架坍塌。

（2）脚手架未按要求设计搭建，或安装工人随意拆卸等造成脚手架坍塌。

（3）竹篱笆未满铺，承接面小，导致作业面小，人员易踩空或造成物品坠落。

（4）脚手架层间未按规定在左右或前后进行有效支撑，造成横向晃动。

（5）钢管、扣件不符合规范要求而产生质量问题，存在安全隐患。

（6）脚手架设计或平面尺寸布置不符合电梯井道安装规范要求，干涉安装施工而产生危险。

（7）脚手架步距过大，造成施工困难与危险。

（8）层间未设置攀爬腰杆，造成施工过程风险。

（9）空隙≥450mm时未设置安全栏杆，造成坠落风险。

（10）工作平面下部横杆支撑密度及两端固定（多为仅一端用扣件固定）问题造成平面支撑杆错位而达不到支撑力要求。

（11）脚手架未实施接地处理，易造成万一带电或雷击时的人员坠落的风险。

三、危险控制措施

（1）电梯安装过程，在井道内架设脚手架，须由专业架设施工方负责架设。电梯安装工应在架设前提供电梯井道平面布置图的尺寸。脚手架搭设施工方，必须根据电梯井道布置图，制定脚手架施工方案。施工前，施工方必须提供有效资质及安全生产许可证等相关文件以及施工人员上岗证件。脚手架搭设完毕，必须通过有关方面验收，悬挂合格证明书后，方可使用脚手架。

（2）脚手架施工方在获得井道平面布置尺寸后，应结合井道内电梯各个部件，如对重、对重导轨、轿厢、轿厢导轨之间的相对位置，以及电线管、接线盒等的位置，在这些位置前面应留出适当的空间，供吊挂放样铅垂线使用。

（3）对重位于轿厢后面时，一般对重侧的横杆应离开井壁大于450mm，该处必须在其高度1000~1200mm处设置安全栏杆，布置有接线盒的一侧离井道壁为300~350mm，其层间的攀爬腰杆应设置在左或右侧。

（4）对重位于轿厢侧面时，一般对重侧的横杆离开井壁大于450mm，该处必须设置安全栏杆，其层间的攀爬腰杆应设置在其对面。

（5）如果井道的实际尺寸大于标准尺寸时，除脚手架近门口的横杆尺寸保持不变，其余尺寸应根据偏差数值适当增大。

（6）当轿厢额定载荷量较大而使轿厢尺寸加大，致使井道尺寸也相应加大时，立杆应适当增加双杆设置高度，且应在脚手架上增加适量的横杆，以提高脚手架的承载能力。

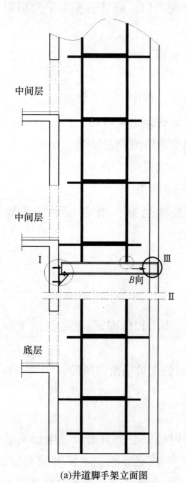

（a）井道脚手架立面图

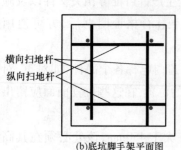

（b）底坑脚手架平面图

图11-3　井道脚手架

（7）井道内脚手架横杆水平间距大小，其步距一般取1.8m以下。对靠近层站的脚手架有特殊的要求既要考虑横杆间距，又要顾及埋设地坎和安装层门时的方便。

（8）在垂直布置时，应首先满足每层层站所要求的横杆间距，其余部分可根据具体尺寸而定，但不宜超过规定的间距。

（9）木脚手架应在厅门口地坪面（俗称牛腿）以下200mm处和牛腿面以上900～1000mm处各布置一隔离层，即总横杆垂直间距应≤1200mm。

（10）竹或钢管脚手架，则可在厅门口地坪面以上1500～1600mm处各布置一隔离面。

（11）检查脚手架是否符合如下安全要求。

①脚手架所用材料是否符合要求。

②脚手架的结构形式，如平面布置、垂直布置、支撑杆是否齐全和符合要求。

③脚手架的有关尺寸，如四周间距、横杆间距等应符合要求。

④绑扎要求，隔离层的木板或竹垫笆，每步（每层）必须满铺，如采用竹篾绑扎时，应用直径为1.2mm的镀锌铁丝加固，隔离层的木板或竹垫笆应与相应横杆扎牢等。

⑤脚手架的承载能力应大于2000N。

⑥搭建脚手架平台时，竹垫笆的交接处最少需要300mm宽的重叠面，并加以固定，以防移动。搭建时板块必须最少延伸出其支撑物150mm，最多300mm。

⑦严禁将电缆线或其他非相关物卷绕或系在脚手架四周，严禁悬挂起重设备。

⑧严禁非操作人员进入脚手架。

⑨脚手架一旦超过一定的高度，应根据有关规定或要求，应增设底部支撑杆和中间支撑杆、采用双立杆设置或分段卸荷措施以增加承压力。见图11-3～图11-6。

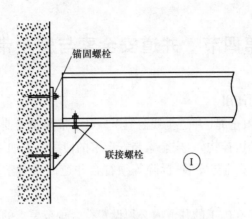

图 11 - 4　分段悬挑梁支架形式

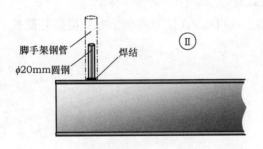

图 11 - 5　脚手钢管在悬挑梁上的定位形式

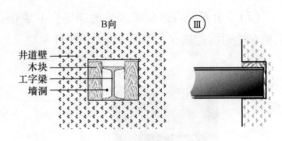

图 11 - 6　分段悬挑梁伸入墙体形式

四、安全拆除脚手架

轿厢或对重的拼装工序与曳引悬挂装置完成后,可通知脚手架搭建单位进行拆除工作。拆卸脚手架时,必须由上至下,如需拆除部分脚手架,待拆除后,对现存脚手架必须进行加固。确保安全后方可再施工。

五、易产生的错误行为

(1)工作面竹篱笆未满铺或仅用单层篾竹篱笆铺设。

(2)立杆架设不规范,井道高度增加时未有效增加双立杆、分段卸荷或悬挑设置。

(3)横杆支撑不规范,每层间未按要求各自交错地撑住一边、一角或墙面。

(4)工作面篾竹底部横托杆未按承载要求架设,托杆稀疏或托杆一头未用扣件与横杆连接。

(5)工作面篾竹铺设及紧固有问题,篾竹板过小且未与横杆绑扎(留有间隙)。

(6)未设攀爬腰杆、安全栏杆。

(7)基站门口位置未张贴或基站门口脚手架正面横梁上未悬挂搭建资质、使用期限标志。

第四节　井道安全索与安全带

一、安全索与安全带的使用

安全索俗称生命线或安全绳(井道全线悬挂)。安全带是指全身捆绑式带有缓冲带型/止滑器标准的安全带(或带防脱挂钩)。安全索与安全带的使用要求如下:

(1)安全索绳的设置、悬挂与安装、拆除等须符合井道内安全索、全身式安全带安全规范要求。

(2)每个设置脚手架正在施工的井道内必须设置符合规范要求的两根安全索。

(3)进入井道脚手架施工前必须正确穿戴好符合规范要求的安全带。

(4)未施工的井道必须在每层外安全围栏处设置有"严禁进入"的警示标志。

(5)安全索绳应按要求规范地固定在井道锚钩上或机房内(注意楼板下井孔应做好防护,以免对生命线造成损伤)的吊钩上(图11-7)。

 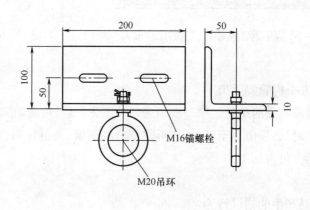

M16锚螺栓

M20吊环

(a)井道锚钩挂生命线实物图　　　　(b)井道锚钩尺寸示意图

图11-7　井道锚钩挂生命线示意图

(6)安全带绳系在止滑器上,止滑器固定在安全索绳上,注意方向性,缓冲绳下行时可自行锁住,使用时应保持高挂低用(图11-8)。

(7)当施工环境只有作业支架时,全身式安全带通过带防脱吊钩系缚于封闭的作业支架上,也采用高挂低用。不得系于开口支架上,有滑脱风险(图11-9)。

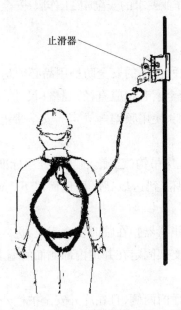

图 11 – 8　安全带通过止滑器系挂于生命线示意图

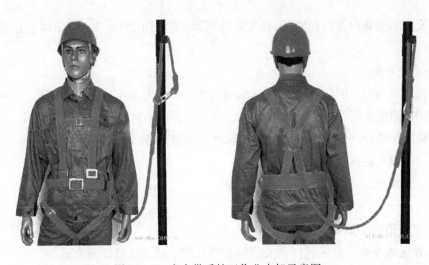

图 11 – 9　安全带系挂于作业支架示意图

二、脚手架上作业安全

脚手架作业时安全索、安全带的使用规范如下：

（1）脚手架搭建必须符合规范要求。

（2）一根生命线只允许一人使用。

（3）井道层门口外须有符合规范要求的安全护栏或护网，下方与地面接触部分有高度不小于100mm 的安全封闭踢脚板。

（4）施工人员必须穿戴符合规范要求的全身式/带缓冲器型/止滑器（与安全索相配）的安全带。

(5)施工人员必须穿戴符合作业要求的安全帽、工作服、安全鞋、手套和眼镜等安全防护设备。

三、安全索的安装与拆除

1. 安全索的安装　现场工地所使用的安全防护用品必须是经国家安全认证的生产商、专业机构所提供的合格产品。其中安全索有相应直径、规格(尺寸、承载能力、使用高度等要求);全身式安全带有使用年限、使用周期、使用频率等规定。安全带上的缓冲止滑扣应与相应直径的安全索相互配合使用。

(1)脚手架搭建完成后,在机房吊钩(已确认吨位)处用标准绳结系一临时安全索。通过预留孔(须加保护以防快口对其损坏)到达最高厅层地面以下1m处,在末端打一结防止止滑器脱落。

(2)在最高厅层外将安全带止滑器扣在临时安全索上,进入井道顶部。

(3)用适当的方法将安全索支架固定在井道内部侧面的墙上,要求支架至少能承受2000kg的拉力。

(4)安全索一般要求布置在厅门两侧,且在厅外安全护栏外易于接触的地方。

(5)用标准绳结并加上保护环,将安全索连接在专用支架吊环上,并将绳结收紧后用电线绑扎。

(6)将安全索垂直向下放到底坑,在生命线底部(底坑向上1m处)打结以防止滑器失效滑落至底部。

2. 安全索的拆除

(1)在机房吊钩(已确认吨位)处用标准绳结系一临时安全索。通过预留孔(须加保护以防快口对其割伤)到达最高厅层地面以下1m处,在末端打一结防止止滑器脱落。

(2)在最高厅层外将安全带止滑器扣在临时安全索上,进入井道顶部。

(3)拆除井道生命线及安全索支架。

(4)人退出井道后,拆除机房内临时安全索。

四、进、出井道脚手架安全

1. 进入井道脚手架　进入前作业人员检查确认脚手架的合格证及有效性。

(1)各厅门口装有合格护栏及封闭设施。

(2)作业人员必须穿戴全身式或带缓冲器的安全带,且必须头带合格的安全帽。

(3)在护栏外,用手或其他工具拉(钩)出安全索。

(4)用力向下拉安全索,检验安全索是否牢固。

(5)将安全带的止滑器挂到安全索上的防滑器上(注意止滑器不要装反)。

(6)拉开护栏,进入护栏内侧并立即将护栏关好,并将护栏复位。

(7)观察并用手晃动脚手架以检查其状况是否牢固。

2. 层门装好后(原封闭的安全护栏已撤除)

(1)确保作业人员在安全的情况下打开厅门,宽度不超过肩宽,并用门阻止器固定妥当。

(2)拉(钩)出安全索,用力向下拉安全索,检验安全索是否牢固。

(3)观察并用手晃动脚手架以检查其状况是否牢固。

(4)将安全带的止滑器挂到安全索上的止滑器上。

(5)拆除门阻止器,安全进入脚手架工作平台,关闭厅门。

(6)对于高于或低于入口1m处的工作平台,必须通过加装攀爬间距合适的攀爬短管(脚手架必须有攀爬腰杆)安全而便利地进入。

3. 在脚手架上作业

(1)在脚手架上工作的任何时候都绝对禁止将安全带从安全索上解下。

(2)在没有特殊许可情况下,同一井道内最多允许两名作业人员同时工作。

(3)同一井道内禁止立体交叉作业。

(4)无分隔网的通井道中,两组或多组同时施工,当出现立体交叉作业时,必须在各工作面增加侧面防护和头顶保护。

(5)在井道内从一工作平台到另一可从厅门进入的工作平台时,禁止攀爬脚手架,应按照出脚手架的规定回到厅层,再从另一层按照进脚手架的规定进入另一工作平台。

(6)在井道内从一工作平台到另一不能从厅门进入的工作平台时,可以通过平台通道向上攀爬脚手架,但必须攀爬加装间距合适的攀爬短管。

4. 退出井道脚手架

(1)层门口装有合格护栏时。

(2)作业人员打开封闭设施,在安全带和安全索的保护下离开脚手架,到护栏外。

(3)恢复原封闭设施。

(4)解开安全带上的止滑器,将安全索放回井道内。

五、易产生的错误行为

(1)井道内仅悬挂一根生命线。

(2)井道内未使用全身式安全带。

(3)全身式安全带无缓冲器及止滑装置。

(4)生命线悬挂,全身式安全带及附件使用不规范。

(5)进出井道作业不规范。

(6)未悬挂井道生命线。

第五节 施工用电安全技术

一、现场临时用电的原则与要点

安装现场所用的临时电是由建设方所提供,作业人员要懂得现场临时用电的安全技术要求包括:供电系统的结构和设置、基本保护系统的组成、接地装置的设置、配电箱的线路结构,电动设备、工具与照明电器的使用,安全用电以及电气防火措施、TN—S 接地、接零保护、三级配电和二级漏电保护系统的基本规则。

现场临时用电有三项基本原则是:TN—S 接地、接零保护系统,三级配电系统,二级漏电保护系统。电梯安装施工人员只有在了解现场临用电要点与原则后才能确保整个施工过程中设备与人员的用电安全,若发现有问题,应及时与建设方取得联系。三级配电系统如图 11 – 10 所示。

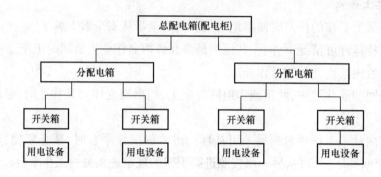

图 11 – 10   三级配电系统示意图

二、临时用电系统的设置规则

三级配电系统的设置应遵守四项规则,即分级分路规则,动、照分设规则,压缩配电间距规则,环境安全规则,其中动、照分设规则是电梯安装过程必须遵循的基本规则,即如动力与照明合置于同一配电箱内共箱配电时,则须分路配电。

安装工地所使用的临时配电箱与电器线缆必须符合尺寸、颜色、功能与外表完好的规范要求,线缆应架空铺设,配电箱应满足安全用电要求:动力与照明分路、接地、短路、过载、漏电故障的合理保护。

三、供电电源性能的检测

(1)总进线及开关容量应达到相应的动力所需要求。

(2)临时电源其总进线(开关前级)的线缆应符合所需动力要求。

(3)三相进线相间电压在(380 ± 26.6)V 以内,每相电压的不平衡度不大于 3%。

(4)每一相与零线(N)之间的单相电压(相电压)在(220 ± 15.4)V 以内。

(5)若零线(N)与地线(PE)之间相通,则 N—PE 之间的电压不能大于 2 V,零线(N)、地线(PE)性能可靠。

四、施工场所的安全照明

工地内所有与安装作业有关的施工场所必须要有充足的光线,电梯的安装工作属危险性较大的高危作业,而工地现场较黑暗,并且存在各种临边、孔洞、坑井等危险源。施工人员除了必须要在自我的岗位内保证有必备的安全照明以及安全能见度外,每位现场施工人员还应佩带手电筒以防不测。

每个设置脚手架的施工井道必须设有施工期井道内安全照明,井道内的安全照明应采用36V 安全电压供电。如采用的是220V 电压供电的临时性照明则必须要固定于井道壁上,即将按在现场可操作性情况改设为井道内临时性固定照明。井道临时性固定照明在施工中绝不能用作为行灯用手去拉,并与井道脚手架体保有一定的安全距离,井道临时性固定照明装置所用的配电箱内其照明回路必须与动力回路分开,配电箱内设有过载、过流与小于 30mA 的漏电保护装置。

安全照明设施的线、缆,灯座、灯泡、灯罩等必须完好,外表无破损现象。

施工现场临时用电电箱必须能符合施工用电规范要求,电箱内须设有容量恰当的过载、过流保护以及小于 30mA 的漏电保护装置,各插座、开关、移动线缆、进出线的连接须规范完好。

第六节　井道作业安全

一、井道脚手架作业安全

(1)脚手架搭建必须符合规范要求。

(2)从事登高作业要定期体检,凡患高血压、心脏病、贫血、癫痫病、恐高症以及其他不适于登高作业的,不应从事电梯安装及登高或高处临边作业。

(3)进入井道作业必须穿戴适合作业要求的安全帽、工作服、安全鞋、手套和眼镜等安全防护设备。

(4)登高作业必须穿戴符合规范要求的全身式/带缓冲器型/止滑器(与安全索相配)的安全带。

(5)一根生命线只允许一人使用。

(6)工具要放在工具袋内(不要在衣服口袋或皮带上放挂工具,易使工具坠落或伤害他人),大工具要用保险带扎好,妥善放置。

(7)在脚手架上施工,作业人员应经常检查脚手的使用情况,发现有隐患之处,应立即停工采取有效措施,确保安全后再进行施工。

(8)脚手架如需增加跳板必须用 18# 以上的铁丝扎牢跳板,跳板两头不可过分探头以免造成危险。严禁使用变质、强度不够的材料用作跳板。

(9)一般状态下,在脚手架内不得立体交叉作业,同一层面脚手架上只允许两人作业。

(10)安装导轨、拼装轿厢架或放置对重架等劳动强度大的工作,必须配备好人力物力,合理地使用起吊设备以减轻劳动强度。作业应由专人负责统一指挥,做好安全防范措施。

(11)井道作业施工人员与井道外人员联合作业时必须内呼外应,密切配合,井道内必须有足够的亮度。

(12)进行超高层建筑及观光电梯安装施工时常会遇到非全室内井道内情况,如遇恶劣气候(如风力在六级以上或施工面被云层覆盖)影响电梯安全施工时,应禁止露天登高作业。

(13)严禁在拼装轿厢时将轿厢架、轿厢的重量释放在脚手架上,严禁将导轨、对重架等重物堆放在脚手架上(此类现象极易引发脚手架坍塌等重大安全事故风险)。

(14)不得将带电电缆、电线卷绕、缠绕或系挂在脚手架钢管四周,防止脚手架带电或引起电磁感应现象。

(15)每一层层门开口处均须安装安全栅栏,工作中要确保栅栏挡好,进入或离开层门后,须关闭栅栏,整个施工楼层各层门处的安全栅栏必须定时进行巡检并做好相关记录。

二、作业的不安全行为

(1)以脚手架为工具攀爬,私自拆卸脚手架。

(2)以脚手架上的横杆或立杆作为起重吊物的悬挂点。

(3)井道内上下立体交叉作业。

(4)使用损坏的以及不正确地使用工具设备。

(5)站立在吊件下操作、指挥。

(6)应断电操作时不及时进行断电。

三、作业的不安全状态

(1)脚手架搭建不合格或拆卸后未及时恢复。

(2)井道内未设置临时性固定照明或没有充足的光线。

(3)脚手架上负载着未吊装的导轨、对重架、已拼装的轿厢等重物。

(4)脚手架上的横杆或立杆上有吊钩悬挂重物承载。

(5)脚手架上缠绕吊挂有带电线、电缆、电焊机等带电设备。

(6)井道厅口孔洞未设置安全栅栏或所设封闭材料强度不达标。

(7)施工移动电箱不规范、不满足安全用电要求。

(8)电气工具未经安全检测及损坏后仍在使用。

(9)通电的设备无人看管。

第七节　起重与吊装安全

吊装是整个电梯安装施工中安全风险较大的作业,每步都须严格按照规范要求进行操作。在施工前应对现场进行缜密地勘察,了解施工状态及实时条件、情况,根据工地吊装的现实状况及被起吊物的特性来编制吊装作业施工计划。为在实施吊装作业时提供确实有效(可操作性强)的施工作业指导。各专用工具、工夹具、起重设备及吊、索、轮、钩等需根据现场作业情况统筹安排好,各工艺和手段必须确保作业安全。

选择合适的吊装方案,对吊索点所用的建筑结构吊点或起吊通道上方所需的吊装点,应征得建设、设计单位的确认,在作业中应做好起吊点的护口保护。施工现场要有足够照明,施工立面边缘与洞、孔等要做好安全防护与安全警示。确保设备的完好与施工人员的人身安全。

一、起吊操作规则

(1)起吊前勘察实地现场是否符合起吊要求,了解天气变化情况并做好充分的准备工作,吊机应远离开挖的机坑以及地下暗管或暗道,以免作业时发生支撑点塌方与位移进而造成吊机倾覆。

(2)检查作业场地或通道是否清理整洁,具备安全起吊要求;如发现存在问题时应积极与业主(建设方)沟通并及时处理。

(3)起吊前须设置作业区并用安全警示带将作业区与外部隔离围护后,指派专人负责看管。

(4)将吊车置于安全起吊范围,并在四个延伸立柱下放置木枕以减少地面支承面压强。

(5)起吊前检查所用相关设备与吊、索具完好无损。

(6)作业时必须按国家相关的规范和安全规则服从统一指挥。

(7)专职的起吊指挥人员、吊车司机、起重工间进行专业的口令与动作配合作业。

(8)各起吊部件与吊、索(钢丝绳)按受力要求完全扣好后,需试吊一次使各吊、索具受力后再次检查确认在安全的前提下才能进行正常的起吊作业。

(9)卷扬机底架在作业前须有效固定,在受重力拉力时的前方不允许有任何施工人员存在。

(10)吊车起吊物件时在起吊范围的下方及其周围不允许有任何施工人员存在。

(11)作业司机在确认指挥人员口令的同时需确认在安全状况下进行起吊(须先进行试吊步骤),起重配合人员在试吊确认在安全的前提下应迅速离开;在确认指挥人员口令与作业司机动作在安全状态下,起重配合人员才能将索具、钢丝绳解开,然后按照规定将索具、钢丝绳挂接在卷扬机上。

(12)必须无条件服从指挥人员的要求,作业司机、起重配合人员确认在安全状况下进行作业,若发现有安全隐患应立即示意停止作业,待返工、加固、整改检查后方可恢复作业。

二、安全防范要求

(1)在现场无采光的情况下,严禁无照明施工,严禁乱接、乱拉电线。吊车、卷扬机必须配置并在有足够的照明光线的条件下进行起吊作业。

(2)严禁作业人员酒后施工或任何无证人员上岗作业。

(3)作业人员应按要求穿戴相应的安全防护装备后才能进入施工场地,安全帽须系好帽带扣。

三、不同角度提升重物的受力分析

(1)正确使用提升设备与吊、索具(钢丝绳),各类设备使用前必须经过严格检查后才能使用。

（2）提升设备必须标明其额定负荷，不得超重使用。

（3）索具（钢丝绳）捆扎后，受力索部与水平面的夹角不得小于45°，并须考虑安全系数足够大。

（4）钢丝绳不得存在纽结、扭曲、断股、伤痕、焊接等情况。

（5）吊钩完好并有防脱安全扣。

（6）起吊时，先应使吊件刚离开地面进行静观检查安全后再匀速慢升。

（7）吊件和钢丝绳不得有摇摆。

四、起重与吊装作业

（1）所使用的吊装工具与设备，必须仔细检查，确认完好（特别是在使用前），方可使用。

（2）在吊装前必须充分估计所吊物体的重量，选用适当的吊装工具与设备。

（3）准确选择好葫芦的挂点位置，使其具有安全地承受吊装的最大负荷承受强度，施工人员应站在安全位置上进行操作。

（4）手拉链条葫芦挂好后，应检查起重链节应垂直无扭曲，吊钩无翻转现象，如手动棘轮拉不动时，绝不能硬拉，必须查明原因，采取措施确保安全后再进行操作。

（5）井道和场地吊装区域下面和底坑内不得有施工人员操作和走动。

（6）起吊轿厢前，必须做好防坠落二次保护措施，用强度足够的保险钢丝绳将起吊后的轿厢进行保险固定，确认无危险后，方可放松链条葫芦，使葫芦与二次保护的保险钢丝绳同时受力。

（7）在起吊有补偿绳及补偿绳轮的轿厢时，应注起吊载荷的增加，注意起吊后不能超过补偿绳轮的允许高度。

（8）钢丝绳U字轧头的规格必须与所连接的钢丝绳相匹配，严禁两根以上的钢丝绳或不同规格的钢丝绳用U字轧头混轧在一起；U字轧头的底压板应装在钢丝绳受力的一边、U字部分设置在短绳头边，每连接段所使用钢丝绳轧头的数量应不少于3个点，每个轧头间的间距应大于钢丝绳直径的6～8倍，被夹复合段绳的长度不应小于钢丝绳直径的15倍，且最小不小于300mm。

（9）吊装主机时，应使机器底座处于水平位置平稳起吊。抬、扛重物应注意用力方向及用力的一致性，防止滑扛、脱手伤人。

（10）顶撑对重时，应选用直径较粗大的钢管或大规格木枕，严禁使用变质木材，操作时支撑要垫稳，不能歪斜与产生滑移，并要做好保险与防范措施。

（11）轿厢架、轿底、轿顶、轿壁、安全钳、导靴等部件，应吊运至电梯的端站（最高层）的层站处。

（12）层门、层门框、层门地坎，应根据安装实际需要，吊运至每层的层站处。

（13）对重架、缓冲器，应吊运至电梯井道底坑内。

（14）对重块应放置在底层层站附近，安装放置对重块，应选用手拉葫芦等设备吊装，当用人力搬运时应两人共同配合,防止对重块坠落伤人。

(15)在吊装起重设备和材料时,必须严格遵守登高作业和吊装施工作业规则。

五、起重设备的使用与管理

(1)起重设备主要包括卷扬机、手拉葫芦、滑轮和钢丝绳、吊物钢丝绳承力点。

(2)起重设备每年须有关专业公司进行必要的年检并将设备名称、编号、吨位、合格标志、检查日期、检查者、检查结果按要求记录存档,记入工地设备、工具的台账中,其记录至少保留两年。

(3)手拉葫芦必须有编号与吨位数,吊钩须设有保险扣,外表完好无损、无生锈且润滑转动部位应保持灵活。

(4)凡新购的起重设备必须有出厂合格证并存档至该设备报废为止。

(5)没有出厂编号的起重设备必须有自编号,没有最大载荷吨位数(以下简称吨位数)标记的也必须编入吨位数。自编号与吨位数可贴在设备平整醒目处,也可另外挂牌。

(6)设备在使用过程中发现问题应立即停止使用。

(7)起重设备及吊、索具应保持完好,要进行日常必要的自检与校验;使用前必须仔细检查、确认完好。

(8)确保起重点符合安全技术要求,满足起重承载载荷要求,不会对钢丝绳等起重索具造成损伤而引发安全风险。

六、千斤顶的操作

(1)千斤顶应放在干燥、无尘处并保持清洁,切不可在潮湿、脏污、露天处存放,使用前应将千斤顶清洗干净,并检查活塞升降以及各部件是否灵活可靠,油注入是否干净。

(2)使用油压千斤顶时,禁止工作人员站在千斤顶安全栓的前面,若安全栓有损坏则不得使用。

(3)千斤顶应与顶物垂直且接触面要平整。

(4)千斤顶不能长时间顶升重物,更不能做寄存物件用。

(5)千斤顶使用时的放置处应平整、坚实,如在凹凸不平或土质松软的地面,应铺设具有一定强度的垫板。为保持千斤顶与重物接触面稳固,其接触面之间应垫以木板。

(6)不得在千斤顶的摇把上套接管子,或用其他任何方法加长摇把的长度。

(7)千斤顶顶升高度不得超过限位标志线,如无标志线,不得超过螺丝杆扣或活塞高度的3/4。螺旋螺纹或齿条磨损达20%时严禁使用。

(8)要注意千斤顶顶升过程的安全操作。顶升重物时,应先将重物稍顶升一些,然后检查其千斤顶底部是否稳固平整,稍有倾斜必须重新调整,直至千斤顶与重物垂直、平稳、牢固时方可继续顶升。

(9)千斤顶下降时应缓慢,不得猛开油门使其突然下降,齿条千斤顶也应如此,以防止突然下降。

(10)数台千斤顶同时顶升一个重物时,应有专人统一指挥,以保持升降的同步进行,防止受力不均,物体倾斜而发生事故。

第八节　动火作业与防火措施

一、安全措施

(1)建立工地防火责任制,明确职责。

(2)机房、仓库和休息室均要放置消防器材;库房必须按防火布置图,落实消防器材,挂设防火标志。

(3)动用明火前须按规定划分好动火级别进行申报,严格执行明火审批手续,得到批准后方可按时按地进行作业,施工前做好防火措施,作业时按规定做好防火与监护措施。每班明火作业后,应仔细检查现场,清除火苗隐患。

(4)各种易燃物品必须贯彻用多少领多少的原则,当天用剩的易燃物品必须妥善保管在安全的地方,油回丝不能随意丢弃。

(5)焊接、切割和使用喷灯,必须严格遵守电焊工、喷灯的安全操作规程。

(6)动用明火、香蕉水等易燃危险物品时,一定要听从消防负责人的指示,采取火灾预防措施,作业后要仔细检查,做好落手清场工作。

(7)易燃物品的容器不应使用易损瓶。

(8)在喷灯点火中,使用者绝对不可离开现场。

(9)焊接、切割和使用喷灯,必须严格遵守电焊工、喷灯的安全操作规程。

(10)动火作业应在下班前一小时结束。

(11)电气设备和线路应经常检查,发现可能引起火花、短路、发热和绝缘损坏的情况时必须立即修理。

(12)严禁库房、宿舍内乱拉、乱接电源电器,禁止使用电炉、电热棒等电热器具,严防电器线路引起火灾,禁止使用煤油炉及大功率的灯泡。严禁烧火取暖,禁止在宿舍燃烧纸张物品。

(13)大功率照明灯具应用支架支撑,使用碘钨灯时必须距可燃构件和可燃物50cm以上,电源引入线应有隔热防护措施。

(14)不可用纸、布或其他可燃材料做无骨架的灯罩,灯泡距可燃物应保持一定距离。

(15)现场动火作业应划分好用火作业施工区,易燃易爆气瓶、材料等应按现场规定规范堆放。

(16)配电箱、变压器下不准堆放易燃、可燃材料。电线必须采用绝缘架空线或铺设电缆,并不得穿过易燃材料堆。

(17)电器设备在工作结束时应及时切断电源。下班时,必须由电工负责巡回检查并切断施工总电源。

(18)有效地控制火种,工地内的易燃易爆场所严禁吸烟。

二、动火作业的防范要求

(1)严格执行用火审批程序和制度,操作前必须办理用火申请手续,经检查审批同意,领取动火许可证后方可进行操作。

(2)进行电、气焊操作前,应有施工员或班组长向操作人员、安全员进行消防安全技术措施交底,任何人不许以任何借口纵容电、气焊工进行违章操作。

(3)电、气焊作业须远离油漆、喷漆、脱漆木工等易燃操作,避免同时间、同部位上下交叉作业。

(4)电、气焊操作结束或离开操作现场时必须切断电源、气源、赤热的焊嘴、焊钳以及焊条头等,禁止放在易燃、易爆物品和可燃物上。

三、动火人员责任

1.焊前

(1)办理相应许可。

(2)清除可燃物,落实防火措施。

(3)放置好规定的灭火器。

(4)穿用合适的电焊服具。

(5)焊机检查:手柄、连接点、接地线。

2.开始

(1)无负荷合上电源。

(2)动作迅速,脸部远离闸刀。

3.进行中

(1)焊件用合适的把钳把持。

(2)避免身体切入电路中。

(3)焊条插入或拔出时要戴绝缘手套。

(4)接通电源的焊机不得无人看管。

(5)不可用焊枪指向他人。

4.结束

(1)无负荷时切断电源。

(2)熄灭暗火,清除焊渣。

四、防火人员责任

(1)清理现场周围的易燃、可燃物品,对不清除的要用水浇湿或盖上防火毯等阻燃材料以防止火星的溅落;清除散落焊渣。

(2)防火人员不能兼顾其他工作,随时注意用火点周围情况,一旦起火及时扑救和报警。

(3)要根据用火点的情况准备好适用的灭火器材。

(4)高空焊接时,要用非燃材料做成接火盘和风挡,防止火星的溅落。

（5）操作结束后，要对焊割部位周围以及其下部进行检查，确认无误后方可离开，在隐蔽场地操作完要反复检查，以防暗火复燃。

（6）乙炔气瓶和氧气瓶相距 10m 以外并禁止口对口放置，禁止放置于不通风的封闭场所内。

五、电焊作业安全措施

（1）电（气）焊工必须持证上岗。工作前应戴好劳动保护用品，焊接时佩戴护目镜或面罩。

（2）电焊工在潮湿地方工作要穿绝缘鞋，不要穿潮湿衣服工作。

（3）禁止在易燃、易焊物体上和装载易燃易爆的容器内外进行焊接或切割，若需要焊接，应将容器内外所有残存物清理干净，并经有关安全人员检查化验，同意后才可进行工作，焊接工作要离开易燃、易爆物体 10m 以外进行。

（4）禁止在可燃粉尘浓度高的环境下进行焊接或切割工作。

（5）焊工在易燃易爆场所工作前要办理动火证，由本单位安全技术、防火保卫部门核准，单位防火负责人审批后，按有关规定动火，并按批准动火期间动火。动火证过期无效。

（6）注意附近设备不能被四处飞溅的或掉落的熔化的金属碎屑损坏。电缆绝缘部分容易被高温金属熔化，溅落的一小块金属碎屑都可能导致两个电线之间的短路。

（7）焊接工作时，先检查四周及上、下环境是否允许烧焊，高空作业要系好安全带，工作点要牢固，焊条工具等要放好，防止掉下伤人，下边做好安全措施，专人监视，注意行人等安全工作，下雨时，不准露天或高空作业。

（8）弧焊时，尽量竖立一些屏障，以保护其他人的眼睛避免受到伤害。

（9）氧、电焊接或切割时，气瓶应垂直竖立，且位置牢固，以免气瓶坠落并设置"焊接/氧切割进行中"的告示。

（10）进行焊剂作业时，始终要将灭火器置于附近。

（11）焊接密封容器时，要打开，进行排气通风，人进入容器内工作，要加强通风设施，最少要两人一起工作，一人操作、一人监视保护。

（12）在存有有毒物质的场所焊接时，要清除残存物，经化验合格后加强通风方可工作，工作者要戴好防毒口罩，工作场所由专人防护，采取可靠的安全措施。

（13）电焊机的输入输出线头要牢固，应有可靠的接地线，焊钳绝缘装置要齐全良好，电焊机工作温度不得超过 60～70℃。

（14）电焊工必须认真注意防火，焊条用剩部分不要乱丢，下班前将焊机电源切断，焊线缠绕好，露天的要盖好焊机，并详细检查工作场地彻底熄灭火种后方可下班。

（15）电焊机要经常维护保养，不准放在潮湿的地方，工作场地要保持整洁。

（16）风焊工作前应对乙炔瓶、氧气瓶、胶管、风灯、减压阀等进行全面细致地检查，务必安全可靠。

（17）乙炔瓶、氧气瓶、胶管严禁与油类、脂类和明火接触。

（18）风焊装置及附属品要轻开、轻放、轻装避免碰击。乙炔瓶要直立放置，不允许水平放置使用。

（19）焊嘴发现火焰逆流时,应及时将所有阀门关闭。胶管发现燃烧时,应及时将燃烧段的气路切断,将氧气瓶、乙炔气瓶的阀门关闭。金属颗粒或氧化铁堵塞焊嘴时,必须立即关闭乙炔气阀门,以防回火。

（20）氧气瓶、乙炔瓶严禁撞击或暴晒,瓶内气体不要用完,要剩余一定的气体。电焊机、氧气瓶、乙炔气瓶要分开放,距离应不少于10m。

（21）工作完后应将所有阀门关闭,把胶管整理好,清理现场,做到现场没有留下火种方可离开。

六、井道脚手架上动火作业安全

1. 基本要求

（1）进入电梯井道脚手架内进行电、气焊操作的作业人员必须持有电梯施工作业岗位资格证及有效的电、气焊岗位资格证书。

（2）在进行电、气焊操作前应穿戴好相符的劳动保护用品, 作业时须佩戴护目镜或面罩。

（3）操作人员必须熟悉和掌握高空动火作业的安全要求和与之相关的作业防火安全知识。

（4）严格按照现场施工管理要求,除办妥相应的动火作业手续,还应配备足够的灭火器材。

2. 作业规程

（1）动火前须会同相关人员对施工过程可能会被牵涉的范围进行实地勘察与检查,清除作业下方及周边环境各类易燃、易爆物品,采取切实有效的安全防范措施后方可进行施工。

（2）在高处进行焊接、气割作业时,不得进行其下方的其他任何作业,下方应做好安全监护工作,专人监视。

（3）如脚手架采用竹篾绑扎或隔离层采用木板或竹垫笆作铺垫时,应做好施工下方相应的防燃及防隐火措施;在动火处需设置接火盆、盘以防火星四处飞溅,引燃踏板。

（4）超高层井道内窜流风大,明火作业时极易形成烟囱效应,应随时注意上、下及外界可能的易燃、易爆物体或气体被吸、吹,引起失火危险。

（5）作业期间上、下人员应积极配合,思想集中,密切注意周围环境的变化,随时准备采取紧急防范措施。

（6）动火作业应在下班前一小时结束,重点工程或场所的动火作业应在下班前两小时结束。作业结束后要进行要仔细检查,防止隐火火情并做好必须的清场工作。

第九节　电气作业安全

操作时应注意的安全规程如下:

（1）作业人员必须严格遵守电气安全操作规程。

（2）电气施工前应先切断电源后再进行作业,为预防电源开关被他人误推上,必要时应实施上锁挂牌,即将开关锁上后并挂有"有人工作,切勿合闸"的警告牌。

(3)施工中如需用临时线操作电梯时必须做到:

①所使用的装置应有急停开关的电源开关。

②所调置的临时控制线应保持完好,不能有接头,并能承受足够的拉力和具有足够的长度。

③使用过程中应注意盘放整齐,不得用铁钉或铁丝扎住临时线,要避开锐利的物体边缘,以防锐口损伤临时线。

④用临时线操纵轿厢上下运行时,必须绝对注意安全。

(4)作业人员要牢记电器设备和线缆可能会带电。在接触电器设备和电线之前,必须测试是否带电。

(5)任何在接近电源线路周围作业时,都必须避免触电事故的发生,其方法如下:

①切断电源。必须配备并掌握使用测试设备(万用表等),以便在工作开始前检测和确认工作区域的电能处于零能量状态。

②绝缘防护。对带电回路的绝缘防护可以使用永久或临时的绝缘材料或工具。

③推荐的带电作业安全操作方法:

a.摘掉所有导电的个人金属用品(首饰、手表、钥匙等)。

b.穿着合适的服装(不裸露胳膊或腿)。

c.佩戴绝缘手套。

d.使用绝缘工具。

e.使用漏电保护器。

(6)使用电气设备、用具、工具前,须先检查:

①外壳、电源线缆、手柄是否有裂缝和破损。

②保护线连接是否正确,牢固可靠,有否漏电现象。

③机械防护装置是否完好无损。

④工具转动部分是否转动灵活。

⑤电气保护装置是否良好。

⑥所用的供电电源、插座等须规范,电源插头、插座必须配备完整无损,电源开关正常灵活,不得将线头直接插入插座;禁止使用有严重缺陷、导线裸露、绝缘不良的器具。

⑦各种移动电具的导线必须经常检查,必须保持绝缘强度符合技术标准,并有良好的保护接地或保护接零,外壳、手柄不允许有裂缝或损坏,软电缆、软线、插头等须完好无损,由人员检查并贴上合格标签。

⑧必须严格按照各移动电器的铭牌规定正确掌握电压、功率和使用时间,发现有漏电现象或电器超过规定温度,转动速度变慢或有异常声音时应立即停止使用。

⑨在对任何电动工具进行维修保养或调试之前,必须关闭电源,拔出电源插头。如更换钻头、砂轮片等。

⑩使用电动工具如有绝缘损坏、软电缆或软线护套破裂、保护接地或保护接零脱落、插头插

座裂开或有损于安全的机械损伤等故障时,应立即进行修理。在未修复前,不得继续使用。非专业人员不得擅自拆卸和修理工具。

第十节　调试作业安全

一、作业基本要求

(1)电梯调试人员必须熟悉电梯的机械与电气安装知识并经过专业的技术操作培训,经政府相关部门考核合格,持有电梯安装机械与电气操作证以及电工操作证。

(2)电梯调试人员必须熟悉所要调试电梯梯型的整体技术、性能与特点,正确的调试是电梯安全运行的保障。调试人员应该在学习掌握并知晓所要调试的内容与设备的技术特点的基础上,按产品特定的调试要求与工艺步骤逐步进行。

(3)电梯的调试过程务必是在井道、轿厢内无其他人员的情况下进行,并至少有两人配合同时作业。若出现有异常情况应立即切断电源,防止不测。

(4)在电梯进行调试之前应清除一切无关的障碍物,对安装完毕的状态全面检查,了解现场状态。

(5)调试工作所涉及的施工场地与通道必须保持清洁畅通,材料和物件的堆放应整齐稳固。

(6)动车前应首先做好主机、制动器抱闸的检查与校正,各电器保护装置的检查与校正、必要的润滑油加注情况。

(7)动车前,应仔细检查缓冲器、限速器、安全钳是否有效,对重架内是否已放置合适的对重块,主机抱闸是否有效。

(8)判明并确认各安全装置、电气装置、限速器与安全钳状态、上下限位与极限开关、厅门和轿门安全连锁、轿顶检修与急停开关、底坑急停与缓冲器、应急按钮等功效。

(9)最初调试时,应先由慢车上下运行几次,确认机房、井道、底坑等各部位、各项安全环节正常可靠后,才能进行正式的调试工作。

(10)用盘车手轮移动轿厢时,须先切断电源,至少要有两人以上操作,并密切注意电梯轿厢的实时位置。

(11)调试电梯在进出轿厢、轿顶时必须思想集中,必须要先了解并看清轿厢的具体位置,不要仅看楼层显示来估计,更不可打开层门就立即进入,以防踏空或下坠。要看清轿厢、轿顶的具体位置后,方可用正确的方法进出,轿厢在未停稳或停靠位置不准确时不可直接进出,严禁从轿厢、轿顶与厅外间跳进跳出。

(12)在轿顶慢车运行时要格外注意上下与四周情况,应关闭轿厢风扇,不得将肢体的任何部位超越轿顶护栏边缘,人不得倚靠在轿顶护栏上。

(13)在轿顶上作业时严禁骑跨在轿厢、对重两侧,调试中不得处于内、外(轿、层)门之间。

(14)在轿厢顶上作业时,要注意并做好防止电梯突然启动的防范措施,在停止运行作业前,应首先关闭轿顶的急停开关。

(15)电梯在调试过程离开机房时,必须随手锁门,离开轿厢必须关好轿门、层门,以防止未经交付验收的电梯被任何无关人员随意开动。

(16)在整个现场调试过程中,必须有专人负责并统一指挥,严禁在过程中随意载客。

(17)在跨接层门、轿门或其他安全回路时以及在轿顶作业时严禁快车运行。

(18)未经质量技术检验部门验收合格的电梯,不准交付使用。

二、进入轿顶操作

1.准备工作

(1)在基站层门处竖立告示牌。

(2)在出入的层门口放置安全围栏。

(3)电梯撤离群控或并联系统。

(4)打开井道照明。

(5)确认轿厢位置及轿内无乘客。

2.必备工具 层门三角钥匙、手电筒、层门限位器。

3.验证工作 进入轿顶前应将轿厢停靠于易进入轿顶的合适位置(轿顶距楼层位置不超过500mm),进入前须验证:

(1)层门门锁电气联锁有效。

(2)轿顶急停开关有效。

(3)轿顶检修开关有效。

4.进入轿顶操作顺序

(1)急停开关置于"停止"位置。

(2)检修开关置于"检修"位置。

(3)打开轿顶照明。

5.进入轿顶后操作顺序

(1)关闭层门。

(2)将急停开关复位。

(3)验证检修上行与"共用安全"(若有)按钮、下行与"共用安全"(若有)按钮操作均有效。

三、退出轿顶操作

1.轿顶停于合适位置 轿顶停于略高于楼层且不超过300mm,并可以接触到门锁的高度。

2.验证层门门锁有效

(1)同一楼层进出(无须再验证层门门锁有效)。按下轿顶急停开关,打开层门,固定层门限位器,作业者离开轿顶,将轿顶急停开关复位。

(2)不同楼层进出(需验证层门门锁有效)。

a.按下轿顶急停开关,在轿顶上打开层门,固定层门限位器将门关至最小,将轿顶急停开关复位,按"上行"或"下行"和"共用"(若有)按钮,验证层门安全回路有效后,按下急停开关,作业者离开轿顶。

b. 检修运行向下,运行中手动打开需要离开层的层门门锁,确认电梯停止,验证层门门锁有效,按下急停开关,作业者离开轿顶。

3. 退出轿顶后

(1)将检修开关置于"正常"位置。

(2)将急停开关复位。

(3)关闭轿顶照明开关。

(4)关闭层门。

(5)确认电梯恢复(群控或并联)正常运行状态。

四、轿顶操作规程

(1)在轿顶操作前应打开井道照明,在进入轿顶操作前必须佩戴安全帽。

(2)在轿顶作业时,应始终将电梯置于"检修"或"停止"模式。严禁将电梯置于"正常"模式,否则电梯可能随时突然(响应外召唤信号等)意外运行。

(3)在移动轿厢之前,应大声、清楚地告知现场的每个人,并说明电梯将运行的方向,得到现场所有人的确认后,方可运行。

(4)轿厢在移动时,身体的任何部位都不应该超越轿顶边缘,应尽可能地靠近轿顶中心的位置(如有轿顶轮时应注意)。

(5)在轿厢上或井道内的任何位置上都严禁骑跨作业。

(6)在轿顶作业时,轿顶以上及以下部位,不得立体交叉作业,以免坠物打击。

(7)如果可以选择运行方向,作业时应尽量从上至下进行作业(在轿顶作业时,下行时可能产生的危害要比上行时小)。

(8)停留在电梯井道中间时,应小心隔壁(通井道邻梯)的轿厢以及后面和侧面的对重装置运行情况。

(9)随时注意电梯井道中的障碍物。并清楚障碍物可能是静止的也可能是移动的。

(10)人员或物件都不得倚靠轿厢顶部和护栏的限制区域与任何轿厢顶部构成部分,或相邻井道(通井道电梯)。

(11)当电梯停止运行时,应及时按下轿顶急停开关。

(12)严禁在轿顶作业时快车运行。

五、机房作业安全

(1)始终保持机房入口处清洁畅通;进入机房内作业时,必须要遵守安全操作规程,时刻注意所有现场作业人员的安全。

(2)对带电的电气系统、控制柜等进行检查测试或在其附近作业的时候,注意用电安全,谨防触电。

(3)清楚地知道最近的停止开关和主要电路断路器的位置。

(4)在对电梯任何一部分作业前,应先关闭相关电梯的电源(某些故障查找、调试操作可除外)。

(5)注意在控制系统之间可能存在电路互相连接,在接触带电部位之前先进行测试。

(6)切不可想当然地认为关闭某个安全设备开关后,将要作业的物体就是绝缘的。设计安全开关的目的是使电梯停止运行,而不是为了与所有电路隔开。在接触任何作业物体之前必须先进行测试,确保安全操作和关闭主要的断路器。

(7)若要涉及转动设备的时候,一定要小心,要清除周边容易造成牵绊的物品。

(8)工作服着身要合理,不可穿戴容易卷入转动设备中的服饰,例如首饰、翻边裤等。

(9)对于同一机房内多梯情况,要首先按编号找到所需操作的电梯的开关后,并确认安全后再进行断电。

(10)电梯运行时切不可用抹布或用戴着手套的手去接近旋转部件,谨防抹布与手一同被卷入运转部件中。

(11)检查调整曳引机、电动机、限速器等各旋转部件时应必须首先切断电源,并应等设备完全停止转动后才能进行操作。

(12)在旋转部件附近作业时一定要高度警惕,以免因不慎被卷入。

六、进入底坑操作

1. 准备工作

(1)在基站层门处竖立告示牌。

(2)在底层层门放置安全围栏。

(3)电梯脱离群控或并联系统。

(4)打开井道照明。

(5)确认轿厢位置与轿内无乘客。

2. 必备工具 层门三角钥匙、手电筒、层门限位器。

3. 验证工作 进入底坑前应将轿厢停靠于二层及以上的合适位置,同时须验证:

(1)层门门锁电气联锁有效。

(2)底坑上急停开关有效。

七、退出底坑操作

(1)打开层门,将层门固定在开启位置。

(2)沿爬梯走出底坑,关闭照明开关,拔出"急停"开关。

(3)关闭层门,确认电梯恢复正常。

八、底坑作业安全

1. 潜在危险

(1)由电梯轿厢或对重装置降落到电梯井道底部而引起的挤压危险。

（2）限速器绳轮转动危险。

（3）补偿装置运动或绳轮转动危险。

（4）随行电缆。

（5）爬梯上的跌落危险。

（6）因电梯底坑的油质造成滑倒的危险。

（7）被电梯底坑的设备绊倒的危险。

（8）通过底部层门通道进入电梯井道时发生的危险。

（9）电击危险。

（10）坠物打击危险。

2. 危险的预防与控制

（1）在进入电梯底坑作业前，必须进行口头安全交底。进入时，口令清晰，按下底坑"急停"开关。

（2）随时注意电梯底坑正在移动和转动的部件，包括电梯轿厢、对重装置以及限速器绳轮、补偿装置、随行电缆。

（3）确保电梯底坑整洁以及照明设备完好。

（4）底坑安全门（若有）开启时须有人看管，同时切断安全回路。

（5）不要在他人上方或下方立体交叉作业。

（6）在正在运转或移动的设备旁作业时，不得佩戴手套并注意防止衣物被缠绕。

（7）当电梯正常运行时，不要滞留在电梯底坑。

（8）底坑应设导轨盛油盒，并定期清理，以免油溢，使人滑倒，造成伤害。

（9）底坑电线的铺设必须通过电线管或线槽，防止电缆线芯裸露。

（10）时刻关注基站以上动静，确保不立体施工，凡井道开口的孔洞要求封堵有效。

第十一节　现场库房安全

一、潜在危险

（1）由于设备放置不当，或工作场所杂乱而导致绊倒危险。

（2）由于材料重、轻堆放无序导致材料倾倒的危险。

（3）由于起重技术不佳、搬运过程缺乏相互保护而导致提升受伤。

（4）由于库房违规使用电器或气、电焊导致失火风险。

（5）因物体锋利部分未作处理而引起受伤的风险。

（6）库房里违反电气安全操作规程，乱拉电线，发生触电风险。

（7）化学物品溢出或使用时导致皮肤或眼睛受伤害的风险。

（8）易燃、易爆物引起火灾等伤害风险。

二、危险的预防与控制

(1)施工前必须落实工地库房的基本条件,库房应有足够面积,设立工地库房应做好防水,防潮、防火及防盗措施。

(2)应按重物在下,轻物在上的原则做到有序堆放,以防倾倒。

(3)必须由起重经验的人员指挥起重,操作、监视人员各司其职,相互保护。

(4)库房内要将容易引发火灾的包装纸箱、泡沫塑料等及时清理干净,油料要在专门区域存放,不能在库放做饭、烧水。不准在库房进行气、电焊施工。

(5)无论何时抓握带有锋利边缘的物体,如金属片等,应佩戴手套。如有可能,在抓握之前先去除锋利边缘。

(6)遵守电气安全操作规程,绝不乱拉电线。

(7)小心任何正在使用的化学品可能产生的危险,如油类、清洁剂等,应佩戴合适的安全眼镜和手套。

(8)若甲方移交的库房有易燃易爆物,应向甲方提出交涉,要求甲方运走搬离。

本章小结

本章对脚手架搭设、井道安全索、施工用电、井道作业、起重与吊装、电气及调试作业等的安全技术,分别作了较为全面、细致的叙述。围绕现场作业人员的安全问题,从思想意识、基本素质到技术、措施以及制度等各方面展开了叙述,通俗易懂,对现场作业的安全管理及增强作业人员的安全意识具有积极的指导意义。

思考题

1. 井道脚手架的搭设有哪些要求? 在脚手架上从事安装作业应注意哪些问题?
2. 现场临时用电的要点有哪些?
3. 井道作业易出现的不安全行为有哪些?
4. 现场电焊作业有哪些规定?
5. 电气作业有哪些规定?

参考文献

[1]全国电梯标准化技术委员会.GB 7588—2003 电梯制造与安装安全规范[S].北京:中国标准出版社,2003.

[2]全国电梯标准化技术委员会.GB/T 10058—2009 电梯技术条件[S].北京:中国标准出版社,2009.

[3]全国电梯标准化技术委员会.GB/T 10059—2009 电梯试验方法[S].北京:中国标准出版社,2009.

[4]上海市建设工程安全质量监督总站.DG/TJ08—2053—2009 电梯安装作业平台技术规程[S].上海:上海市建筑建材业市场管理总站,2009.

[5]全国电梯标准化技术委员会.GB/T 10060—2011 电梯安装验收规范.[S].北京:中国标准出版社,2011.

[6]全国电梯标准化技术委员会.GB 16899—2011 自动扶梯和自动人行道的制造与安装安全规范[S].北京:中国标准出版社,2011.

[7]中华人民共和国建设部.GB 50310—2002 电梯工程施工质量验收规范[S].北京:中国建筑工业出版社,2002.

[8]刘爱国,郭宏毅,陈剑峰,等.电梯安装与维修实用技术[M].郑州:河南科学技术出版社,2008.

[9]夏国柱.电梯工程实用手册[M].北京:机械工业出版社,2008.

[10]陈家盛.电梯结构原理及安装维修[M].北京:机械工业出版社,2011.

附　录

附录1　电梯机房勘测记录表

工 程 名 称：＿＿＿＿＿＿＿＿＿＿＿＿　地　　　址：＿＿＿＿＿＿＿＿＿＿＿＿＿＿

联　系　人：＿＿＿＿＿＿＿＿＿＿＿＿　联 系 电 话：＿＿＿＿＿＿＿＿＿＿＿＿＿＿

产品合同号：＿＿＿＿＿＿＿＿＿＿＿＿　梯 号/楼 号：＿＿＿＿＿＿＿＿＿＿＿＿＿＿

机房土建复核：

电梯合同设计规格、参数			机房布置图			
内容	参数	备注				
电梯型号						
额定载重	kg					
额定速度	m/s					
层站门数						
井道总高度						
提升高度	m					
井道深宽度	m× m					
顶层高度	m					
底坑深度	m					
门洞宽高度	m× m					
开门形式尺寸	/宽　m×高　m					
名称	符号	实测(m)	机房布置图			
机房宽度	AH					
机房深度	AJ	机房设施检查				
	A		项　目	符合	需整改	备注
	B		电源位置			
	C		机房开门方向			
	D		机房预留孔			
	E		搁机大梁预置			
	F		机座上方吊钩			
绳孔1宽度	EE_1		门窗位置			
绳孔1深度	EF_1		内墙粉刷			
绳孔2宽度	EE_2		地坪			
绳孔2深度	EF_2					
	G		其他			
	H					
井道壁厚	K		注:如有特殊结构需详细标明			

附录2 井道平面测量记录表

名称	符号	实测(m)
井道宽度	AH	
井道深度	BH	
前层门入口净宽	JJA	
井道左前壁宽度	EAR	
井道右前壁宽度	EAL	
前层门牛腿宽	M	
后层门入口净宽	JJB	
井道右后壁宽度	EBL	
井道左后壁宽度	EBR	
后层门牛腿宽	N	

备注说明:
标明井道壁的厚度,召唤位置(左、右);
测量层门留空偏移量、井道垂直偏移量(需附图示意);确认井道内的特殊结构。

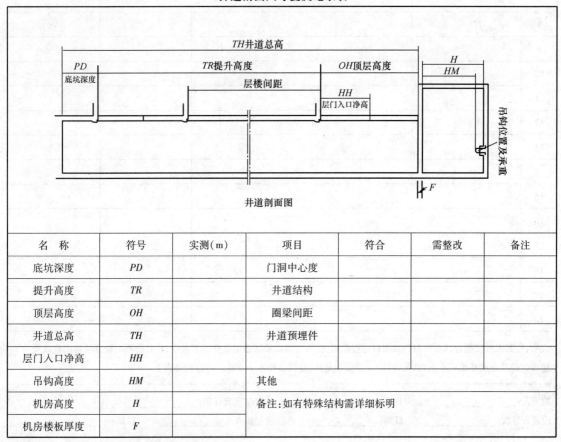

井道剖面尺寸复测记录表

井道剖面图

名　称	符号	实测(m)	项目	符合	需整改	备注
底坑深度	PD		门洞中心度			
提升高度	TR		井道结构			
顶层高度	OH		圈梁间距			
井道总高	TH		井道预埋件			
层门入口净高	HH					
吊钩高度	HM		其他			
机房高度	H		备注:如有特殊结构需详细标明			
机房楼板厚度	F					

附录3 整改通知书

工程名称			甲方代表		/电话：
工程地址			监理代表		/电话：
整改梯号/楼号					

		整改项目明细			
序号	整改项目名称	不合格项描述	整改结果		备注
1					
2					
3					
4					
5					
6					
7					
8					
9					
10					
11					
12					
13					
14					
15					
16					
17					
18					
19					
20					

说明：勘察人员根据合同要约对勘察项目进行勘测，将勘测结果及状态记录在以上表中，并对勘测不符合项提出整改要求，建设方整改完成并填好本表（或复印件）交给监理复核，复核合格本表交给乙方存档备查。

勘测人：_____ 勘测日期：_____ 要求整改完成日期：_____

建设方签收：_____ 日期：_____ 监理复核人：_____ 日期：_____

附录4 施工方案计划编制表

工程概况								

（一）工程名称：_____

（二）工程地址：_____

（三）建设单位：_____

（四）监理单位：_____

（五）产品制造商：_____

（六）代理供货商：_____

（七）安装单位：_____

（八）计划开工日期：_____年____月____日

（九）计划竣工日期：_____年____月____日

产品规格表

序号	编号	电梯型号	载重量（kg）	速度（m/s）	层/站/门	开门形式	提升高度（m）	数量
1								
2								
3								
4								
5								
6								
7								
8								
9								
10								
						合 计		

附录5 轿厢导轨支架安装过程检测记录

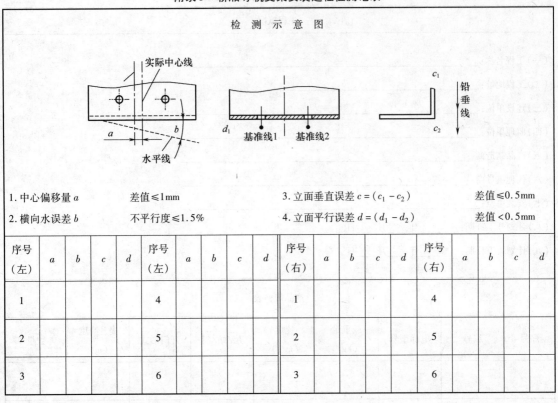

检 测 示 意 图

1. 中心偏移量 a 差值≤1mm
3. 立面垂直误差 $c = (c_1 - c_2)$ 差值≤0.5mm
2. 横向水误差 b 不平行度≤1.5%
4. 立面平行误差 $d = (d_1 - d_2)$ 差值<0.5mm

序号(左)	a	b	c	d	序号(左)	a	b	c	d	序号(右)	a	b	c	d	序号(右)	a	b	c	d
1					4					1					4				
2					5					2					5				
3					6					3					6				

附录6 对重导轨支架安装过程检测记录

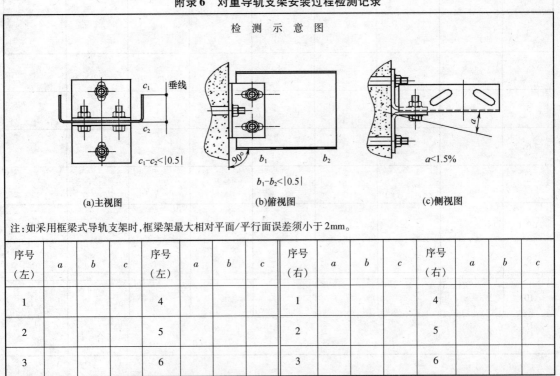

检 测 示 意 图

(a)主视图   (b)俯视图   (c)侧视图

注:如采用框梁式导轨支架时,框梁架最大相对平面/平行面误差须小于2mm。

序号(左)	a	b	c	序号(左)	a	b	c	序号(右)	a	b	c	序号(右)	a	b	c
1				4				1				4			
2				5				2				5			
3				6				3				6			

附录 7　轿厢导轨安装过程检测记录

内容序号	导轨平行度		导轨间距偏差	导轨垂直度		导轨接头			
	左轨	右轨		左轨	右轨	序号	接口直线度（T形三个面）	接头缝隙	修光
1 中间						左轨			
2 中间						右轨			
3 中间						左轨			
4 中间						右轨			
要求	2/1000	2/1000	$(\ )_{+1.5}^{0}$	0.5/5000（基准线）		自下而上编号	0.05/500	0.4	>300

附录 8　对重导轨安装过程检测记录

内容序号	导轨平行度		导轨间距偏差	导轨垂直度		导轨接头			
	左轨	右轨		左轨	右轨	序号	接口直线度（T形三个面）	接头缝隙	修光
1						左轨			
2						右轨			
3						左轨			
4						右轨			
要求	4/1000	4/1000	$(\ )_{+3}^{0}$	0.7/5000（基准线）		自下而上编号	0.10/500	0.4	>200

附录 9 层门安装过程检测记录表

层楼	层门地坎						层门间隙					层门立柱(门套)				门锁滚轮与轿厢地坎间隙(mm)	备注
	水平度(mm)	与地面高低高出(mm)	与轿厢地坎间隙(mm)		与轿厢中心偏差(mm)	与轿厢门刀间隙(mm)	垂直度横向(mm)	垂直度纵向(mm)	二门间间隙(mm)	门扇与门套(间隙)(mm)	门扇与地坎(间隙)(mm)	垂直度(横向)(mm)	垂直度(纵向)(mm)	厅门导轨与轿厢地坎(mm)			
			左	右										左	右		
要求	<1/1000	2~5mm	$\left(\quad\right)^{0}_{+2}$		<2mm	6~10mm	<1/1000	<1/1000	<2mm	3~5mm	2~6mm	<1/1000	<1/1000	$\left(\quad\right)^{-1}_{+2}$		6~10mm	

注 层门安装须严格按照工艺及尺寸要求,安装各个支架(托架)与墙面接触须垂直平整,支架间不应产生应力使地(上)坎扭曲。紧固螺栓须安装规范并垂直于墙面。

附录 10   层门装置安装检验记录表

序号	技术要求	安装自检	检验判定	备注
1	层门地坎与轿厢地坎的间隙偏差为( )+3mm			
2	层门地坎的横向及纵向水平度误差≤1/1000			
3	层门地坎应高出装饰后的厅外平面2~5mm			
4	同一楼面的同一墙面有数台电梯的门套或地坎应在同一水平面,前后偏差≤5mm			
5	前后开关门的层门地坎高度偏差≤3mm			
6	层门门套、柱垂直度误差≤1/1000			
7	层门门套宽度误差<2mm;门楣与地坎高度误差<1mm;门套对角线误差<2mm			
8	中分门层门中心与轿门中心的偏差<2mm			
9	双折式层门装饰板与轿壁板应平齐,偏差<2mm			
10	厅门导轨与轿厢地坎的平行度误差$\left(\quad\right)^{+2}_{-1}$mm			
11	厅门下端面与地坎的间隙:客梯为2~6mm;货梯为2~8mm			
12	厅门偏心轮与导轨下端面的间隙<0.5mm			
13	门锁与门钩啮合须>7mm,其啮合间隙应符合产品要求			
14	各门扇与门套的间隙为3~5mm,门扇与门扇、门扇与门套之间的间隙偏差<1.5mm			
15	中分门门扇之间正面平面度与平行度上下各点须<2mm			
16	中分门或双折门在关闭时,门中缝、边的尺寸在整个高度<1.5mm(不允许缝在上方)			
17	层门上坎、立柱、地坎托架应安装在平行的墙面上,且与墙面固定螺栓长度外露部分≤15mm			
18	手动开关门操作应流畅,无卡阻、无异声、自动锁闭装置应能在任何开启位置有效			

附录 11 电梯曳引钢丝绳的调整及操作(流程)控制要求

操作流程	控制要求
准备 工作	(1)曳引钢丝绳严禁出现缠绕、扭曲、死弯、卡伤以及被旋转松股等现象(标有蓝直线的钢丝绳在安装后要求保证标直线对直),绳头螺栓长度应基本平齐 (2)在曳引钢丝绳两绳头端安装防止钢丝绳转动松股的细钢丝绳组件(使其在以后不能再旋转松股) (3)清洁曳引钢丝绳表面尘灰及锈斑,用特制曳引钢丝绳油适量(少量)、均匀地轻擦于钢丝绳表面并让其充分渗透(使各股、丝间的内应力能予以充分自由释放)
初步调整 检查	(1)观察曳引钢丝绳绳头端钢性弹簧或弹性橡胶的压缩量(受压缩后的长度)应全部相当。 (2)用手推、拉曳引钢丝绳来进行初步张力调整 根据国家标准 GB/T 10060—2011《电梯安装验收规范》规定,每根曳引绳受力相近,其张力与平均值偏差均不大于 5%。即:M_i——第 i 根曳引绳的张力与平均值偏差率;N_i——第 i 根曳引绳的张力,N;N——全部 n 根曳引绳张力的平均值,$N = \sum N_i / n (i = 1, 2 \cdots n)$ 在使用曳引绳张力测试仪来进行曳引绳的张力测试时: 式中:P_i——第 i 根曳引绳的弹簧秤拉力显示值,N;P 为全部 n 根曳引绳弹簧秤拉力显示的平均值;$P_i / N_i =$ 常数
曳引 钢丝绳 调整	(1)测量位置。曳引钢丝测试应在曳引机两边曳引钢丝绳较长的一端进行测量: ① 1:1 绕法的曳引钢丝绳的测试应将电梯轿厢设置在底层位置(检修状态或关闭电源),在轿顶上进行测量及调整。测量时须注意所有被测量的钢丝绳上的试量点应在同一水平面上(即测量仪的钩子、顶撑、弹簧秤钩子位置应基本在相同的水平线上) ② 2:1 绕法的曳引钢丝绳的测试应将电梯轿厢设置在接近顶层位置(检修状态或关闭电源),在轿顶上对对重端(曳引钢丝绳较长的一端)曳引机下绳端进行测量,然后与机房内人员进行联系并调整 (2)测量所设范围:因为不同直径的曳引钢丝绳、不同的轿厢提升高度、不同的轿厢载重量、不同的绕绳比或不同的曳引绳根数配置等都将会造成所需测量的曳引钢丝绳中每根绳所受到的平均拉力不同(测量调整后每台电梯的绳张力的最终状态平均松紧度都不一样),所以无法进行定量定义。所以测量仪杆上的中间支撑段与弹簧秤固定端都设计为可移动的,可根据具体情况下进行设置: a. $\Phi 16mm$ 的曳引钢丝绳其测量仪钩绳端至中间支撑段的拉、顶力设置为 200N(按上述不同情况可变),弹簧秤上的拉力为 50~60N b. $\Phi 13mm$ 的曳引钢丝绳其测量仪钩绳端至中间支撑段的拉、顶力设置为 ≤200N(按上述不同情况可变),弹簧秤上的拉力为 50N 左右 c. $\Phi 8 \sim 10mm$ 的曳引钢丝绳其测量仪钩绳端至中间支撑段的拉、顶力设置为 ≤150N(按上述不同情况可变),弹簧秤上的拉力为 40~50N
最终 调整	(1)曳引钢丝绳的调整须用特制的钢丝绳张力测量仪(图 4–56)进行调整 (2)一般在调整后让轿厢在整个行程运行数次后再进行后次调整。整个精调过程至少需 3 遍。调试后应使各钢丝绳在弹簧张力测量仪中弹簧秤刻度基本相同,即,$M_i = (P - P_i)/P \leqslant 5\%$ 式中:M_i——第 i 根曳引绳的张力与平均值偏差率;P——全部 n 根曳引弹簧秤拉力显示的平均值,N。

附录 12 曳引钢丝绳安装过程质量检测记录

检查项目		检查内容及标准														结果	备注
钢丝绳		无锈蚀、松股(蓝线对直)、断丝、扭曲、死弯等现象															
绳头组合	安全可靠	部位	轿厢端						对重端								
		绳头位置	1	2	3	4	5	6	7	1	2	3	4	5	6	7	
		螺母锁紧															
		销钉开口															
		防旋绳装置															
钢绳张力偏差	≤5%	绳头位置	1	2	3	4	5	6	7	1	2	3	4	5	6	7	必须使用钢绳张力测量仪调整偏差
		各绳张力															
		平均值															
		偏差(%)															

附录 13 电梯安装自检要求

1. 基本自检要求	
序号	技术要求
(1)	施工文件资料齐全,各报告填写完整、认真
(2)	轿厢、轿门、厅门、曳引机组、限速器、上行超速保护装置、控制柜等可见部位表面质量完好、外观整齐
(3)	各类信号指示按钮(按布置图施工)清晰明亮,动作准确无误
(4)	各运转或运动部位清洁、润滑、动作灵活可靠
(5)	各专用工具、夹具、应急解救装置(说明)等均已按要求放置并标明,吊钩已标明载重量
(6)	同一机房数台电梯的各部件均已编号,机房照明(亮度要求≥200lx)、门锁、消防措施完好

2. 曳引机组自检要求	
序号	技术要求
(1)	曳引机组曳引轮、导向轮对轿厢、对重导轨(轮)中心垂直度偏差≤2mm
(2)	曳引轮在空轿厢时垂直度误差(须翘起)≤1mm
(3)	导向轮垂直度误差≤1mm
(4)	曳引轮与导向轮平行度误差≤1mm
(5)	承重梁的水平误差≤1.5/1000,相互水平误差≤1.5/1000,总长方向最大偏差<3mm
(6)	各承重梁相互平行误差≤2mm
(7)	承重梁两端埋入墙内,其埋入深度超过墙厚中心20mm,且不应<75mm
(8)	承重梁的埋设应符合安装说明书要求,必须用混凝土浇灌
(9)	搁机钢梁两端须封好
(10)	制动器动作灵活可靠,无机械撞击声,闸瓦与制动盘接触面>95%,顶杆有可靠的闭合安全间隙,开闸间隙<0.6mm
(11)	制动器监测开关须可靠,运行(开闸)时距螺杆间隙为0.1~0.3mm
(12)	导向轮外径最低点距楼板>100mm

续表

(13)	曳引钢丝绳应有醒目的层楼平层标志(黄色)及轿厢、对重等高标志
(14)	各曳引钢丝绳张力误差＜5%
(15)	曳引钢丝绳在曳引轮上高度须保证一致
(16)	曳引钢丝绳绳头锥套螺杆端部距螺母≤70mm,安全销(开口销)距锁紧螺母≥5mm
(17)	曳引轮专用夹绳装置、液压千斤顶、手盘轮应正确悬挂或放置并标写清楚
(18)	机房钢丝绳与通孔台阶的间隙合适,井孔台阶≥50mm
(19)	曳引轮、盘车手轮及电动机、齿轮箱附近须有轿厢升降标志(动、静都须有)
(20)	各转动部分漆成黄色;松闸扳手漆成红色,同一机房若有数台电梯应分别标志
(21)	各转动部分的安全罩(盖、网)已安装,曳引机组安装地坪若与机房地坪高度差≥500mm,应安装固定楼梯与平台围栏,已安装曳引机组紧急停止开关
(22)	齿轮箱油质须标准,油位正常,放油口位置正确
(23)	曳引机温度正常,风机工作正常;运行无异声

3. 速度控制装置自检要求

序号	技术要求
(1)	限速器底平面不得低于经装饰的机房地面,其垂直度误差≤0.5mm
(2)	限速器电气线路须有管线,并接地
(3)	限速器须有运行方向标志,并且护绳孔板须标准
(4)	限速器钢丝绳至导轨向面与顶面两个方向的偏差均≤10mm
(5)	限速器张紧轮转动灵活,无碰擦。断绳开关与挡块的间隙≥20mm
(6)	限速器张紧轮底部离地坑平面距离高度为:400mm±50mm($0.25m/s < v ≤ 1m/s$)、550mm+50mm($1m/s < v < 2m/s$)、750mm+50mm($2m/s < v ≤ 3m/s$)(或按产品技术要求调整)
(7)	安全钳锲块与导轨侧面间隙为2~3mm,且各楔块间隙均匀,钳口与导轨顶面间隙＞3mm(或按产品技术要求调整)。
(8)	安全钳起作用时,楔块动作基本一致,作用力均匀,能提前(可靠)断开安全钳开关
(9)	安全钳动作后,轿厢地板的倾斜度不应大于其正常位置的5%(空载时测试)
(10)	安全钳动作后,通电向下点冲,曳引轮打滑;向上点冲,楔块能自动复位

4. 电气控制系统自检要求

序号	技术要求
(1)	电梯的供电电源必须单独铺设
(2)	电气设备绝缘电阻测试:动力电路＞0.5MΩ;其他电路(不包括电子电解电容回路)＞0.25MΩ。
(3)	动力线与控制线应分别铺设,如必须在同一线槽时其外部须要有金属屏蔽层且两端都必须可靠接地,不得相互缠绕
(4)	保护接地(接零)系统须良好,电线管、线槽、中间过路箱的跨接必须紧密、牢固、无遗漏,零线和接地线应始终分开
(5)	控制柜、电动机动力接地线应采用直径≥4mm²的多股线
(6)	动力接线应用铜接头,铜接头制作应符合标准,接地多股线应做圈、上锡,固定必须有平垫及弹垫
(7)	控制柜进出的动力线均有黄、绿、红色标志,零线为浅蓝色,地线为黄、绿双色线;动力线外壳金属网接地
(8)	错、断相时,电梯应自动锁闭

(9)	控制柜垂直度偏差≤1.5/1000,且安装牢固,下端要封口,但需要留有足够的通风缝隙
(10)	控制柜、曳引机等接线必须牢固,安装时须做一次可靠压紧
(11)	轿顶、轿厢、井道、底坑各电气部件接线须标准、牢固、可靠
(12)	机房内线管、线槽应固定,端口须规范封闭,线管线槽的垂直度、水平度偏差<2/1000
(13)	井道电线管、线槽垂直度误差≤2/1000;全长误差<50mm,水平误差≤2/1000
(14)	井道内的电缆线铺设应横平竖直,分层盒处要求垂直、固定、牢靠、绑扎美观
(15)	各电线管、金属软管垂直方向固定间距为2~2.5m,横向固定间距≤1m。软管电缆≤1m,加支承架并用骑马固定,端头伸出长度≤0.1m
(16)	单层绝缘电线两端外露出槽管部分不超过300mm,并用绝缘套管
(17)	配电柜应装在机房入口处,电源总开关中心距地高度为1.3~1.5m
(18)	控制柜工作面距离其他物体≥600mm
(19)	各接线盒、线管、线槽、层门、层外召唤应用黄、绿双色线接地,轿厢接地≥2.5mm² 。接地线不允许有串接且各接头(接点)接线须规范
(20)	线槽转角处的电线应有保护层,各接线盒接线应走线合理
(21)	底坑内沿地面铺设的电缆应使用金属电线管保护,并要求防水

5. 导轨及组件自检要求

序号	技术要求
(1)	轿厢导轨正(侧)工作面垂直偏差<0.5/5000mm
(2)	对重导轨正(侧)工作面垂直偏差<0.7/5000mm
(3)	轿厢导轨的平行度偏差≤2/1000mm
(4)	对重导轨的平行度偏差≤4/1000mm
(5)	导轨的距离应符合井道布置图要求,其偏差为: 轿厢导轨 $\left(\quad\right)^{+1.5}_{0}$ mm 对重导轨 $\left(\quad\right)^{+3}_{0}$ mm
(6)	一对导轨间距偏差在整个高度不超过1mm
(7)	轿厢导轨与对重导轨在整个高度对角线偏差不超过4mm
(8)	导轨接头处的缝隙不大于0.4mm
(9)	导轨接口直线度(T形三个面)轿厢≤0.05/500,对重≤0.10/500
(10)	导轨接头处的台阶修光长度轿厢导轨为>300mm,对重导轨为>200mm
(11)	当对重(或轿厢)将缓冲器完全压缩后,轿厢(或对重)导轨的进一步的制导行程>0.1+0.035v^2(m)
(12)	每根导轨至少有两个导轨支架,导轨支架间距≤2.5m
(13)	主、副导轨支架应在同一水平面上,其误差<300mm
(14)	各导轨支架的安装尺寸应符合(过程测量)报告中的数据要求
(15)	每副支架的固定与活动部位连接处点焊应两点且间距>120mm,焊接长度>5mm
(16)	各导轨支架膨胀螺栓平垫圈须点焊且对角两点焊实(适应于各平垫的点焊要求)

（17）	主、副导轨安装距离顶层楼板＜50mm

6. 轿顶装置自检要求

序号	技术要求
（1）	检修操作应在距端站平层300~500mm时起作用,且能自动复位
（2）	层楼感应板安装应垂直、平整、牢固,其偏差≤1/1000mm,相对感应器误差＜4mm;插入深度要基本一致
（3）	感应装置/接近开关应安装在层楼感应板中心,工作可靠
（4）	轿厢称量系统操作正常(空载、满载、超载显示正确)
（5）	轿顶卡板安装正确,上下运动无卡阻,运行时无异声
（6）	导靴间隙:滑动导靴滑块面与导轨面无间隙,两边弹性伸缩之和为2~3mm
（7）	固定导靴与导轨顶面间隙不大于1mm
（8）	导靴支架等紧固件上须有止滑螺母、油杯盖、油毡
（9）	轿顶电气线路走向正确整洁,接线盒内各连接可靠
（10）	安全窗开关,各安全开关及轿、层门联锁开关应起作用
（11）	轿顶检修、急停、门机操作须正常
（12）	轿顶轮的垂直度偏差≤1mm,平行度偏差≤1mm
（13）	1:1绕法轿顶绳头处应有锁紧螺母及横销,在锥套处应安装防止旋转的钢丝绳组件
（14）	如果导靴是采用滚轮的,须要进行轿厢平衡调整并使各滚轮导靴压力均匀,应在任何位置都能用手盘动
（15）	撞弓的垂直度偏差应≤1/1000
（16）	运行检查上、下限位开关越程距离50~80mm,上、下极限开关越程距离150~200mm
（17）	轿顶照明及插座应按国家标准安装;采用(2P+E)或36V安全电压与主电源分开
（18）	井道壁离轿顶外侧水平方向自由距离超过0.3m时,轿顶应当装设护栏;护栏由扶手、高为0.10m的护脚板和位于护栏高度一半处的中间栏杆组成
（19）	当自由距离≤0.85m时,扶栏的扶手高度≥0.70m,当自由距离＞0.85m时,扶栏的扶手高度≥1.10m;护栏上有关于俯伏或斜靠护栏危险的警示符号标志或须知
（20）	轿顶可以站人的最高面积的水平面与位于轿厢投影部分井道顶最低部件的水平之间的自由垂直距离≥1.0 + 0.035v^2(m)
（21）	井道顶的最低部件与轿顶设备的最高部件在垂直投影面的间距≥0.3+0.035v^2(m),与导靴或滚轮、曳引绳附件、层门横梁或部件最高部分之间间距≥0.1+0.035v^2(m)
（22）	轿顶上方应有一个不小于0.5m×0.6m×0.8m的空间

7. 层门、轿门装置自检要求

序号	技术要求
（1）	层门地坎与轿厢地坎的间隙偏差为:（ ）$^{+2}_{0}$mm　　层门导轨与轿厢地坎的平行度误差:（ ）$^{+2}_{-1}$mm
（2）	层门地坎的横向及纵向水平度误差≤1/1000
（3）	层门地坎应高出厅外平面2~5mm

(4)	同一楼面的同一墙面有数台电梯的门套或地坎应在同一水平面,前后偏差≤5mm
(5)	前后开关门的层门地坎高度偏差≤3mm
(6)	轿厢地坎的水平度误差≤1.5/1000
(7)	层门门套、柱垂直度误差≤1/1000
(8)	轿厢前壁侧面的垂直度误差≤1/1000
(9)	中分门层门中心与轿门中心的偏差<2mm
(10)	双折式层门装饰板与轿壁板应平齐,偏差<2mm
(11)	轿门门刀的垂直度偏差≤1mm
(12)	轿门门刀与层门地坎间隙为5~10mm
(13)	轿门地坎与厅门门锁滚轮的间隙为5~10mm
(14)	轿门、厅门下端面与地坎的间隙:客梯为2~6mm;货梯为2~8mm
(15)	轿门、厅门偏心轮与导轨下端面的间隙<0.5mm
(16)	轿门刀片与厅门门锁滚轮啮合深度>8mm
(17)	门锁与门钩啮合须>7mm,其啮合间隙应符合产品要求,副门锁插入的剩余行程<1mm
(18)	各门扇与门套的间隙为3~5mm,门扇与门扇、门扇与门套之间的间隙偏差<1.5mm
(19)	中分门门扇之间正面平面度与平行度上下各点须<2mm
(20)	中分门或双折门在关闭时,门中缝、边的尺寸在整个高度<1.5mm(不允许偏在上方)
(21)	层门上坎、立柱、地坎托架应安装在平行的墙面上,且与墙面固定螺栓长度外露部分≤15mm
(22)	开关门应流畅,减速均匀,无明显的撞击声及噪声
(23)	轿门光幕动作正常,光幕动作时轿门反弹自如无强烈振动;门光幕应缩进轿门外边缘>10mm
(24)	轿门关门力矩开关动作正常,关门力矩夹力适当并能自动复位
(25)	轿门光幕线、关门力矩线走线必须合理,弯板端头应有所弯曲且不易使电线折伤,走线转弯处应留有100mm

8.对重装置自检要求

序号	技术要求
(1)	拼装的对重架安装应横平竖直,其对角线误差<4mm
(2)	对重铁应按要求安放,钢块应安装在底部,铸铁薄片应安放在顶部,卡板应牢靠;运行无异声
(3)	1:1绕法对重绳头弹簧应涂黄油漆以防生锈,绳头端有锁紧螺母及横销
(4)	1:1绕法曳引钢丝绳头杆处应安装防止旋转的钢丝绳组件
(5)	2:1绕法对重轮垂直度≤2mm
(6)	补偿链(绳)应安装正确且有断链(绳)保护装置
(7)	导靴支架上紧固件须有锁紧螺母,导靴与导轨间隙为1~3mm
(8)	润滑装置、油杯(盖)、油毡(芯)等齐全
(9)	对重下端应装全工厂配置的撞块
(10)	对重对轿厢的平衡系数:有齿梯为45%~48%,无齿梯为48%~50%

9. 井道部分自检要求

序号	技术要求
(1)	井道照明应按国家标准安装。照明亮度要求≥50lx,开关功能应能在机房及底坑同时操作
(2)	随行电缆及支架安装应符合安装图示要求。电缆在井道上、中部固定规范、可靠,并和其他部件有足够间距
(3)	随行电缆悬挂须消除扭力(内应力)不应有扭曲等现象,有数根电缆应保证其相互活动间隙为50~100mm
(4)	井道内的对重装置,轿厢地坎及门滑道的部件与井道安全距离>20mm
(5)	轿厢与对重间的相对最小距离>50mm
(6)	曳引绳、补偿链(绳)及其他运动部件在运行中严禁与任何部件碰撞或摩擦
(7)	各厅门护脚板安装牢固可靠支撑坚固,不得超出层门地坎外边缘
(8)	轿门处井道壁与轿厢地坎间隙水平距离>150mm且井道端设备上、下间距>1200mm(轿门未设有断电锁紧装置)。须加装与轿门等宽的隔离安全网(板)
(9)	当对重完全压缩缓冲器时,轿顶应有一个不小于$0.5m \times 0.6m \times 0.8m$的空间

10. 底坑自检要求

序号	技术要求
(1)	底坑地坪应平整且无漏水、渗水
(2)	轿厢、对重缓冲器垂直度偏差≤0.5/100,安装须牢固,同时压缩的两缓冲器其高度之差<2mm
(3)	轿厢、对重缓冲器与撞板中心偏差≤20mm
(4)	对重缓冲器附近应设置永久性的明显标志,表明当轿厢位于顶层端站平层位置时,对重装置撞板与其缓冲器顶面的最大允许垂直距离;并且该垂直距离不超过最大允许值
(5)	轿底补偿链安装正确,有断链(绳)保护装置;底端距地面距离>100mm
(6)	轿底电缆曲率半径R为200~350mm(高速梯应按产品设计要求安装)
(7)	当轿厢完全压缩缓冲器时,随行电缆距底坑距离>100mm
(8)	对重防护栅栏应不低于2500mm,且下端口距地坪应不大于300mm
(9)	通井道须隔离,其高度>2.5m,且须符合高出其进入口地坪1.5m(若数底坑有高低差应从高点处起)
(10)	底坑深度>1.4m须安装爬梯,爬梯踏板上部应高出厅门地坎,下部不高于地坪300mm,扶手应高出厅门地坎1.5m以上且漆成黄色
(11)	液压缓冲器内油及油位适当,压缩后其恢复时间<120s
(12)	底坑下有隔层,若对重装置无安全钳系统,其缓冲器底部须有立柱支撑(延升至地基)
(13)	在底坑入口处以下200~300mm处应装有按国家标准要求的采用(2P+E)或36V安全电压的照明及插座并与主电源分开。并设有停止开关能切断电梯主电源
(14)	补偿链、绳导向装置须安装正确有效
(15)	当轿厢完全压缩缓冲器时,轿厢最低部分与底坑间的净空距离不小于0.5m,且底部应有一个不小于$0.5m \times 0.6m \times 1m$的空间

11. 轿厢、层外及运行状态自检要求

序号	技术要求
(1)	轿厢底盘水平度≤2/1000(4个边)

续表

（2）	轿厢架直梁垂直度≤1.5/1000。当拆除一个下导靴轿厢偏移时,在轿厢内用70kg活动负载能使偏移复位
（3）	轿厢壁垂直度≤1/1000
（4）	轿厢护脚板应安装牢固长度≥750mm,垂直度偏差≤2/1000
（5）	轿厢在正常运行及检修启动、停止时各拼装部分无异声
（6）	轿内照明装置、通风装置正常
（7）	轿内应急照明灯应有效,警铃及对讲装置完好
（8）	轿内呼唤、开关门按钮、显示器等应功能正常
（9）	超载、满载、空载装置功能完好
（10）	断电平层装置工作正常
（11）	轿厢操作面板须安装平整,与轿壁之间正面平面度与平行度<2mm,操作面板开关顺畅,闭锁及铰链装置完好
（12）	轿厢各层楼平层精度应≤4mm
（13）	层门显示器应安装在层门中心,每楼面高度一致,水平误差<2mm
（14）	各楼层召唤盒高度应满足设计要求,应左右一致,垂直误差<2mm
（15）	各楼层显示器、召唤盒须安装牢固且功能正常
（16）	消防操作系统工作正常;消防开关应当设在基站或者撤离层,防护玻璃应当完好,并且标有"消防"字样
（17）	轿厢分别空载、满载,以正常运行速度上、下运行,呼梯、楼层显示等信号系统功能有效、指示正确、动作无误,轿厢平层良好,无异常现象发生

注 以上表式仅供参考。